続 2020年、電力大再編

見えてきた！ エネルギー自由化後の市場争奪戦

日本総合研究所
井熊 均［編著］
Ikuma Hitoshi

B&Tブックス
日刊工業新聞社

はじめに

2013年に刊行した「電力大再編」は数度の増刷を経ていまだに支持を得ている。それだけ、半世紀ぶりに実施される電力システム改革に対する関心が高く、市場の先行きが見えにくいということだろう。同著で述べた、原子力発電、再生可能エネルギー、自由の行方は8割方当たっていたと思われる。しかし、我々の予想に反したこともいくつかある。1つは、固定価格買取制度によるソーラーバブルだ。制度施行からわずか3年程度の間に太陽光発電の認可設備容量が7,000万kW近くに達するという世界的にも稀なバブルが起こった。PPSへの駆け込み申請が500件を超えたことも驚くべきことだ。エネルギー関係者で、これらを手放しで喜んでいる人はわずかだろう。長い間、岩盤のような規制に縛られていた市場を自由化する際の制度設計がいかに重要かを改めて思い知った3年間だったと言える。もう1つは、思った以上に規制緩和が進んだことだ。2年前、発送電分離は予定調和に落ち着く可能性が高いと予想した。しかし、成長戦略を重視する政権の下で、法的分離が期限を切って実行されることとなった。

前著を出してから電力、エネルギー業界の動きには日々関心を払ってきたが、実に多くのことが起こった。恐らく、以前の10倍くらいのスピードで改革が進んだ。その結果、半世紀ぶりの規制緩和の先にある市場の姿がおぼろげながら見えてきた。電力会社がどのような方向に向かい、新規参入者が何をすべきかが改めて理解できるようになった。原子力発電所が全く再稼働しない、という事態でも起こらない限り、本書の予想の多くは外れないだろう。

本書は好評を得た前著と同じ構成で書かれている。パートⅠでは、まず、前著のポイントを列記した上で、この2年間の出来事を整理し、今後の方向を洞察した。前著からの連続した市場の流れを読み取って頂ければ幸いである。パートⅡでは、前著同様有望なビジネスについて述べているが、数を絞ってリアリティを高めた。本書がいよいよ開かれるエネルギー市場での道標の1つとなってくれれば著者として大きな喜びである。

本書の刊行に当たっては、日刊工業新聞社の奥村功様、矢島俊克様にお世話になった。この場を借りて心より御礼を申し上げたい。

本書は、株式会社日本総合研究所の瀧口信一郎君、松井英章君とともに執筆した。前著と同じ顔ぶれの執筆体制である。職業柄多忙を極める年度末に積極的に執筆に参加してくれたのはエネルギーへの情熱ゆえである。この場を借りて感謝申し上げたい。

最後に、筆者の日頃の活動に変わらぬご指導ご支援を頂いている株式会社日本総合研究所に心より御礼申し上げたい。

2015年　立夏

井熊　均

目　次

第3章 自由化が生み出すのは寡占か競争か

第4章 2020年の電力市場の見方

パートII 次世代エネルギー事業者

第5章 2020年代のエネルギー事業

パートI

電力政策の行方

第1章

見えてきた
原子力発電の行方

「2020年　電力大再編」で述べたこと

2013年5月に刊行した「2020年　電力大再編」では、原子力発電の行方について、以下の6つのポイントを指摘した。

ポイント1

日本は原子力発電を無くすことはできない

日本がアメリカから原子力発電の技術導入を始めたのは、終戦から間もない1950年代前半である。この頃、アメリカの原子力発電は実用段階にはあったが、商業運転には至っていなかった。一方、日本は産業復興・発展を支えるために、大規模水力や火力発電により電力供給力の積み増しに力を入れていた。商業化されていない原子力発電に、限られた技術資源を投入できるような状況であったとは思えない。また、日本で電力源の多様化が本格的に叫ばれるようになったのは、1970年代のオイルショック以降だから、1950年代に電源の多様化のために原子力発電を導入したとも考えにくい。原子力技術を出す側のアメリカにしても、10年弱前まで太平洋を挟んで激しく戦った相手に商業運転前の最新技術を供与したのは余程の理由があったはずだ。

アメリカの原子力発電誕生の地であるワシントン州リッチランドに行くと、放置された原子炉とマンハッタン計画で放射性汚染された土壌の処理を行うための装置を同時に見ることができる。ここに来れば、原子力発電と原爆は根っこを同じにする技術であることが分かる。

一方、当時の世界情勢に目をやると、1950年にソ連が朝鮮半島上で38度線を越え朝鮮戦争が始まっている。1950年代の前半は、アメリカとソ連の緊張感が急速に高まった時代である。日本のエネルギー事情や国際情勢を考えると、この時期にアメリカが日本に投入しようとしたのは、原子力発電の技術というより核技術だったのではないのか。

ポイント2

原子力発電のガバナンスは強化されるが、骨抜きのリスクにも晒される

2010年に発表された「エネルギー基本計画」で「原子力発電の比率を50%以上にする」としたのは、今にして思えば、技術神話におぼれた「原子力ムラ」の行き過ぎであった。こうした「原子力ムラ」のおごりは、技術過信を生み、東京電力福島第一原子力発電所の事故にもつながった。事故後、国民は原子力発電の停止ないしは、より厳しく、中立的で、透明性のあるガバナンスを求めるようになった。

大震災の記憶も新しい2012年、国家行政組織法第三条に基づく原子力規制委員会が組成され、国民の期待を背負って原子力発電のガバナンスの中核を担った。同委員会は原子力推進派からの批判などを受けながらも、電力各社の原子力発電所の安全性について厳正な審査を行い、国民が期待する原子力発電のガバナンスは同委員会の活躍いかんにかかるようになった。

短期的には原子力規制委員会は十分に活躍したと考えられるが、国民の期待に応えるためには、長期にわたって厳正さと中立性を維持しなくてはならない。そのためには政府のバックアップが欠かせない。特に、同委員会の人事については任期中、各方面からの圧力に耐えながら厳正な審査を行い得る人材を確保し続けることが求められる。いかに委員会が独立した意思決定権を持っていようが、委員が業界などの圧力に耐える意志を持っていなければ期待された機能を発揮することはできない。一方、委員会の独立性は制度によって担保されているものの、人事については国会の同意を要するから、中長期的には、政治の影響を受けることが避けられない。政治が長期にわたり原子力規制委員会の厳正さや中立性を維持するとの意思を持たないと、同委員会もかつての監視機関のように骨抜きになるリスクがあるのだ。

ポイント3

原子力発電のコスト競争力は低下する

「エネルギー・環境会議　コスト等評価委員会」は2011年に提示した報告書で、それまで5.9円／kWhだった原子力発電のコスト算定値を8.9円／kWhへと大幅に引き上げた。電源立地交付金、技術開発費、福島第一原子力発電所の賠償費など、原子力発電に関わる様々なコストを組み込んだ結果である。それでも、原子力発電は石炭火力に比べてコスト的に優位にあった。

コスト検討の段階で不明確な要素は含めるのは妥当でないため、同報告書では福島第一原子力発電所の事故に伴う賠償費を5.8兆円と見込んでいた。事故の影響の広範さを考えると低めの見積もりである。初版を書いた2013年の段階でも、賠償などの費用は10兆円を超える、との指摘があったため、原子力発電のコストが8.9円／kWhより高くなることは避けられなかった。

仮に、福島第一原子力発電所の事故に伴う賠償費を10兆円とした場合、原子力発電のコストは9.3円／kWhとなる。さらに、2013年段階で、原子力規制委員会が示した安全基準をクリアするために必要になるとされていた費用（電力会社全体で1兆円に達するとされていた）を加えると、原子力発電のコストは10円／kWh程度となる（「エネルギー・環境会議　コスト等評価委員会」報告書に示された算定方法を前提としたコスト）。この結果、石炭火力に対する原子力発電のコスト面での優位性はほぼ無くなる（**図表1-1**）。

ポイント4

再稼働が進む一方で、淘汰される原子力発電所も出てくる

原子力規制委員会は耐震性、耐火性、活断層など、電力各社の原子力

図表1-1　原子力発電のコスト

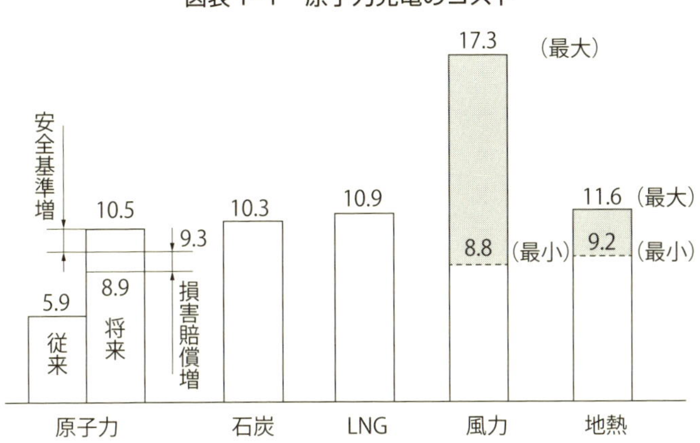

出典：エネルギー・環境会議コスト等検証委員会「コスト等検証委員会報告書」（平成23年12月19日）より抜粋、加筆

発電所について数多くの問題を指摘した。厳格な審査に慣れていない電力各社は困惑したが、活断層の問題を除けば、技術的な対応は可能と考えられた。したがって、電力会社が多額のコストを掛けてでも対応すると意思決定すれば、多くの原子力発電所は原子力規制委員会の審査に合格することができる。一方で、活断層の問題を抱える、あるいは費用対効果の問題で安全対策の投資が難しい原子力発電所は、原子力規制委員会の承認を得られず停止に追い込まれることになる。

安全面での技術的な指摘に加えて原子力発電所の帰趨に大きな影響を与えるのが、原子力発電所を運転できる期間は40年とする、との規定だ。特定の条件を満たすことを条件に1回に限り20年間の延長が可能だが、延長に伴う安全性強化のためのコストが掛かる。稼働開始から40年前後経った原子力発電所については、延長に向けた条件を満たすためのコストが稼働延長による経済的なメリットに見合わなければ停止せざるを得なくなる。

以上から、稼働期間が40年前後となる原子力発電所は原則停止し、他の原子力発電所について原子力規制委員会の認可が得られないケースが若干あるを前提とすると、2020年の原子力発電の容量は2,000万kW程度となる。

ポイント5
原子力発電の意義が見直される

コストが上がったとはいえ、原子力発電が相対的に経済性の高い発電技術であることに変わりはない。新興国での需要増などにより化石燃料の価格が上がればコスト競争力は一層増す。それに加えて、以下の2つの観点から原子力発電の経済的な意義が見直される。

1つは、ジャパンプレミアムと言われる化石燃料の割高さが緩和されることだ。原子力発電が停止し化石燃料に頼らざるを得ない日本は割高な天然ガスなどを買わされてきた。一部でも、原子力発電が稼働し、安全審査をクリアした原子力発電所が順次続くという流れを示すことができれば、こうした割高さは解消に向かう。原子力発電所の停止以来、化石燃料の調達コストは日本経済にとって大きな問題となってきた。化石燃料の単価が平時に戻り、調達コストが下がることの経済的な効果は大きい。

もう1つは、再生可能エネギーに対する経済性が再認識されることだ。固定価格買取制度で再生可能エネルギーの大量導入が進むと、ドイツのように、再生可能エネルギー導入のためのコスト負担の大きさが認識されるようになる。その結果、エネルギー調達手段との1つとして原子力発電の経済性を再評価せざるを得なくなる。

福島第一原子力発電所の事故処理が続き、10万人を超える人達が避難生活を続ける中、原子力発電への反対やアレルギーはなくなることはない。しかし、上述したように、主として経済的な理由により、原子力発電の受け入れに向けた基盤が次第にできていくことになる。

ポイント6

原子力発電を維持するための体制が検討される

福島第一原子力発電所の事故は日本のエネルギー産業史上未曾有の大災害となったが、原子炉の爆発という最悪の事態を避けることができたという評価も成り立つ。それを可能としたのは、日本最大の電力会社である東京電力が資金、技術、人材、企業ネットワークなどを結集して対処したからである。同じような事故が、万が一規模の小さな電力会社で起こった場合、同じように原子炉の暴走を食い止めることができるかが懸念される。

また、電力自由化でこれまでのような責任から解消される電力会社が原子力発電への投資を維持できるかも問題となる。建設まで長い時間と巨額の資金を要し、完成してからも事故や停止のリスクに晒され続ける原子力発電所が純粋な民間企業の投資対象になり得るのだろうか。

技術審査の厳格化や避難計画だけでなく、原子力発電所を誰がどのように管理すべきなのかを検討することが必要なのだ。1つの懸念は原子力発電を維持するための人材である。福島第一原子力発電所の事故で原子力発電に対する技術者の人気は低下した。大学で原子力発電に関わる技術を学ぶ人が減り、企業においては原子力発電部門を希望する人が減り、新設の原子力発電所の設計を経験した人がいなくなれば、原子力発電を支えるための十分な人材を確保できなくなる。技術人材が不足すれば原子力発電のリスクは高まらざるを得ない。

こうした課題を解決するためには、原子力発電に関して国有化も含めた国の関与を検討することが必要となる。

2

2年間の動き

2013年から2年が経った2015年初頭までの間、原子力発電については実にいろいろなことが起こった。前項で述べた6つのポイントについてまとめてみると以下のようになる。

ポイント1

日本は原子力発電を無くすことはできない

原子力発電所をゼロにする政治的判断の難しさは、各党の政策を見ても分かる。2014年12月に行われた衆議院議員選挙では政党の置かれた立場による原子力発電の扱いの違いを見ることができた。

自民党は2014年の政権公約の中で原子力発電所の扱いに関わるいくつかの方針を示している。まず、エネルギーミックスという言葉でいろいろな電源を組み合わせてエネルギー供給体制を作り上げるとの姿勢を示している。中には、当然原子力発電も含まれる。その上で、原子力発電を重要なベースロードと位置づけた。ベースロードは電源構成の基盤を構成する電源を意味しているので、原子力発電のような安定した電源の存在は重要だ。しかし、全ての原子力発電所に40年運転制限を厳格に課し、新設も建て替えも認めない場合、2030年代に原子力発電はエネルギーミックスのベースとしての機能を維持することができなくなる。これではベースロードの名にふさわしい役割を発揮できない。つまり、ベースロードという言葉からは、既存の原子力発電所を再稼働させるだけでなく、中長期的に原子力発電の発電容量を維持するための政策を講じるとの意向が読み取ることができる。

原子力発電の管理については、再稼働に規制委員会の新規制基準への適合が必要としていることから、原子力発電の管理体制を刷新するとの姿勢は読み取れる。ただし、見方を変えれば、新基準をクリアした原子力発電所は稼働させるという意味でもある。

これらの点から、可能な限り原発依存を低減、との方針を出しているが、それは必ずしも原子力発電を極小化することを意味していないと考えられる。

原子力発電に関する他党の姿勢は自民党の政策との対比で考えると捉えやすい。まず、与党である公明党は、再稼働は受け入れつつも、新設を認めず、40年運転制限制を厳格に適用する、としている。公約どおりの姿勢を貫けば、原子力発電所の再稼働を支えながら、自民党による原子力発電の肥大化をいさめる役割が期待できる。

野党を見ると、前政権政党である民主党は、再稼働には責任ある事故時の避難計画が必要であり、2030年代には原子力発電をゼロにするとしており、維新の党は、核のゴミ最終処分場なくして再稼働なし、原子力発電からフェードアウト、としている。いずれも、当面原子力発電所の再稼働を否定しないが、一層厳しい条件を求めつつ、時間を掛けて原子力発電依存から脱するとの姿勢だ。現実路線に着きながらも、野党として厳しい追及ができる立場を取ったと言える。これに対して、共産党は全ての原子力発電所を直ちに廃炉に、生活の党は原子力発電所の再稼働・新増設は一切容認しない、社民党は原子力発電所再稼働を一切認めず新増設も白紙撤回、としており原子力発電を全面否定している。

以上のような政策方針から、各党の原子力発電への姿勢は政権運営への距離によって変わっていることが分かる。すなわち、与党は原子力発電の再稼働を否定せず、政権を経験した党ないしは議席の多い党は原子力発電を全面否定しないという構図だ。したがって、当面、原子力発電の再稼働を阻止する政治的に大きな勢力は生まれないと考えることができる。

ポイント2
原子力発電のガバナンスは強化されるが、骨抜きのリスクにも晒される

原子力規制委員会の厳格な基準や審査により、福島第一原子力発電所の事故以前に比べて、原子力発電のガバナンスが格段に強化されたことは間違いない。電力会社も新基準に対応するために巨額の費用を負担することになった。その分だけ原子力発電所を建設・運営するためのハードルは上がっている。問題は、中長期にわたって中立的で厳格な審査体制が維持されるかどうかである。それが最も懸念されたのは2014年9月に行われた原子力規制委員会委員の退任と新任である。

当初からの委員であった地震学者の島崎氏、元外交官の大島氏が退任し、代わって日本原子力学会の元会長である田中東京大学教授と地質学者の石渡東北大学教授が新たに委員となった。島崎氏は厳格に原子力発電所の地震対策を求めてきたことから、再任されれば再稼働が円滑に進まないとの声もあった。一方、田中東京大学教授は、原子力発電所の審査の遅れを回避するために求められた原子力の専門家だ。日本原子力学会の元会長だが、福島第一原子力発電所の事故以降の経歴であり、現地で積極的に対応した実績もあるとされる。しかしながら、原子力規制委員会発足前に内閣官房の準備室が作成した「委員長及び委員の要件の考え方」にある、「就任前3年間、原子力事業者等及びその団体の役員、従業者等であった者、同一の事業者等から、個人として、一定額以上の報酬等を受領していた者などを欠格とする」との要件を満たさないと指摘されてもいる。

人事の是非はともかくとして、原子力発電の信頼性のより所となる原子力規制委員会の初の委員交代で疑義を呼んだことは否定できない。政府に「李下に冠を正さず」の姿勢がなかったと言われてもしかたない。委員選任に関する当初の姿勢が揺らげば、審査に厳格な人材をどのように維持するかが見えなくなる。

委員会の人事と並んでガバナンスの厳格さの維持を難しくするのが、技術審査のルーチン化だ。川内原子力発電所の合格までには、原子力規制委員会の発足から約2年を要した。審査する側とされる側が、効果的かつ現実的な合格ラインを模索したことで経た時間だ。しかし、ひとたび合格のラインが見えれば、審査側は合理的な理由無しにハードルを上げることはできないから、合格するかどうかは電力会社側の安全投資の判断に依存することになる。実際、川内原子力発電所が合格して以降は、高浜、玄海、伊方原子力発電所などが続々と合格ないしは合格予想に達している。こうして安全審査の合否基準が固定化する中で、これまでのような審査の緊張感を維持するのは容易なことではない。

2015年は原子力規制委員会ができてから3年に当たり、設置法の見直しが行われる。独断を防ぐなどの理由で、実質的に委員会の権限が低下することになれば、骨抜きが進むことになる。

ポイント3

原子力発電のコスト競争力は低下する

福島第一原子力発電所の事故は3つの観点で原子力発電所のコストを上昇させた。

1つ目は、新たな安全基準に対応するためのコストである。これまでのところ電力会社合計の安全対策費は2.4兆円に上るとされる。2013年当初に想定されていたコストの2倍を超える額だ。巨額のコストであることは間違いないが、川内原子力発電所が原子力規制委員会の審査に合格したことから、電力会社は安全対策のためのコストは見通せるようになった。一方で、今後新基準に対応した施設を維持するために予想以上のコストを要する可能性もある。

2つ目は、廃炉に伴うコストだ。現在日本にある48基の原子力発電所の廃炉費用は約2兆8,000億円だが、6割程度が既に引き当てられているとされる。逆に言うと、前倒しで廃炉を進めた場合、核燃料や発電設備の償却などでこの4割程度の追加資金が必要になる。

3つ目は、福島第一原子力発電所の事故に伴う賠償費用だ。どんなに原子力発電所の安全基準が厳格になろうと、事故前の安全神話を否定するのであれば、今回と同等程度の事故の賠償費用への備えが必要となるはずだ。賠償費用は既に10兆円を超えるのが避けられない状況にあるから、原子力発電のコストに与える影響は大きい。

これらのうち、1つ目と2つ目については原子力発電のコストとして直ちに顕在化する。ただし、それによるコストアップは1円／kWh強に過ぎない。一方で将来起こり得る福島第一原子力発電所の事故と同等の事故への備えについては、十分に制度が出来上がっていない。

こうしたことから、原子力発電のコストが上昇したことは間違いないものの、日本では化石燃料の調達コスト（特に、天然ガス）が依然として高いこと、再生可能エネルギーのコスト削減が海外に比べて緩慢なこと、から原子力発電の経済的な優位性は揺らいでいない。そのため、電力会社にとって、稼働40年前後の大型の原子力発電所への安全対策費を投じても採算が合う、というそろばん勘定が成り立つことになる。シェールガスの開発で原子力発電がコスト競争力を低下させているアメリカとは状況が異なるのだ。政治や経済界がコストの安さを理由に原子力発電の再稼働を求める流れにも全く変化がない。

ポイント4

再稼働が進む一方で、淘汰される原子力発電所も出てくる

原子力規制委員会の技術審査の合格を受け、川内原子力発電所の地元合意の手続きが進められた。鹿児島県内では合意に先だって原子力発電所の再稼働を求める動きが作られ、鹿児島県議会に対して再稼働に賛成する陳情が行われていた。11月7日、鹿児島県議会は当該の陳情を採択

し、再稼働に関する地元合意が形式的に出来上がった。経済産業省は再稼働に向けて地元自治体との連携を強め、合意前には大臣も現地入りしている。事故時を想定した避難計画が原子力発電所から30 km離れた自治体まで求められていたため、市町村については、どの範囲までの合意を得るかが注目されたが、川内原子力発電所では原子力発電所が立地する川内市だけを地元合意の対象とした。

規制委員会の技術審査から地元合意まで、川内原子力発電所での取り組みは今後の再稼働のための雛形になると考えられる。原子力規制委員会は原子力発電所の新規制基準を策定し、地震、津波、火山活動への備えが大幅に厳しくなり、意図的な航空機衝突やテロも想定の対象とされた。川内原子力発電所では、九州電力が新基準を先取りし、地震・津波を中心に厳しい状況を積極的に想定したことで検討が進んだ。一方で、九州は火山が多いにも関わらず、数万年に一度の破局的噴火については安全対策の対象とされなかった。破局的噴火が起こった場合には、九州南部全員の移住が必要となり原子力発電所だけの問題ではなくなる、との解釈だ。

議論は残したものの、川内原子力発電所を巡る技術審査、地元合意の取り組みは、暗中模索状態にあった技術的な対策と地元合意に一定のレベルと範囲を示した。電力会社はどこまで徹底的に技術的な対策を講じ、どこは妥協できるかが分かった。地元自治体についても誰を対象にするかの雛形ができた。川内原子力発電所に次いで技術審査に合格した関西電力高浜原子力発電所については、京都府や滋賀県が厳しい姿勢を示しているので地元合意の難しさはある。それでも、先行した川内原子力発電所の取り組みが参考になるのは確かだ。

一方で、再稼働が難しいと考えられる原子力発電所もある。直下に活断層がある原子力発電所だ。日本原子力発電敦賀原子力発電所2号機は、意見の応酬の末、原子力規制委員会が直下に活断層があると評価し再稼働が困難な状況にある。この他にも活断層の存在が懸念されている原子力発電所がいくつかある。

再稼働と廃炉を決めるもう1つの尺度が稼働年数だ。原子力発電所の稼働年数は原則40年とするものの、原子力規制委員会が示す一層厳しい安全対策を施せば一度だけ20年間の延長が可能となっている。40年を超える原子力発電所の安全対策についての本格的な議論はこれからだが、電力会社としては採算が合うのであれば、一層厳しい安全対策に資金を投じても再稼働を果たしたい。これまでのところ、39年を経過しているものの、合計165万kWの発電容量を持つ関西電力高浜原子力発電所1、2号機については20年間の延長を目指すとされている。これに対して、稼働開始から42、3年が経ち、合計84万kWの容量の美浜1、2号機、同44年、36万kWの日本原子力発電敦賀原子力発電所1号機、同40年、46万kWの中国電力島根原子力発電所1号機、同39年、56万kWの九州電力玄海原子力発電所1号機については廃炉の方向で検討とされている。これらから、稼働40年前後でも100万kW前後の容量を持つ原子力発電所は運転期間の延長を目指し、発電容量数十万kW以下の原子力発電所は廃炉とされる方向にあると考えることができる。

以上を考えると、日本中の48基の原子力発電所のうち、この数年間で廃炉とされるのはわずか5基前後にとどまると考えられる。

ポイント5

原子力発電の意義が見直される

現状、原子力発電所の意義を後押しする流れが3つある。

1つ目は、前述した発電コストである。化石燃料については、このところの原油価格の急落はあるものの、中期的には新興国の需要増などで一定程度価格が回復すると考えられるので、原子力発電に対して火力発電がコスト競争力を高めることはない。再生可能エネルギーについても、固定価格買取制度による国民負担でコスト高が再認識されつつある。新たな安全基準への対応、廃炉、賠償のコストが積み増されても、化石燃料を海上からの輸入に頼り、大陸国のような大規模な再生可能エネルギー発電ができない日本で原子力発電の経済的な優位性は揺るがないのである。原子力発電所の停止以来の電力単価の値上げで、政界、経済界を中心にこうした原子力発電所のコスト競争力への期待は高い。

2つ目は、環境対策である。日本は、2015年に開催されたCOP19で、「2020年までに、2005年を基準として温室効果ガスを3.8%削減する」という消極的な目標を提示して国内外から批判を浴びた。アメリカと中国が、これまで拒み続けてきた温室効果ガスの総量削減の目標を提示するとされている中で、日本は2015年の前半に技術先進国として恥ずかしくない目標を提示しなくてはならない。固定価格買取制度の見直しで再生可能エネルギーへの投資が巡航速度に戻らざるを得ないから、原子力発電をエネルギーミックスの中に位置づけずに国際的に認められる目標を設定するのは困難だ。ここのところまとまりつつある温暖化対策を踏まえたエネルギーミックスの中でも原子力発電がきちんと位置づけられている。

3つ目は、世界的な動向である。IEAは、2040年までに中国、インドなどで原子力発電が2013年対比6割増しとなり、世界の原子力発電比率は20%を超えるとした。日本で原子力発電所が順次再稼働を果たしても、建て替えが認められなければ、2040年まで原子力発電のシェアを20%に維持するのは難しい。その分だけ、日本は発電コストとエネルギーセキュリティで不利な状況に置かれることになる。再生可能エネルギーについては、結局、内モンゴルやアメリカのアメリカ西部など立地に恵まれていない限り、大量導入はコスト負担とのトレードオフであると考えられるようになろう。こうした世界の動向を見れば、多くの種類のエネルギーをバランスよく利用するベストミックスの考え方が再評価される流れにある。

ポイント6

原子力発電を維持するための体制が検討される

政策サイドでは原子力発電事業を維持するための制度が矢継ぎ早に整備されている。

廃炉に伴うコスト負担については、いくつかの取り組みが見られる。まず、廃炉が決定された後も10年間は原子炉などの残存簿価を平準化して処理できるように会計ルールが見直される。発送電分離後に懸念されるコスト負担についても、送電会社の送電線使用料に廃炉費用を上乗せられる仕組みが検討されている。また、資金調達についても自由化後も一定期間は電力債の制度が維持される見込みだ。電力会社はこうした制度抜きに廃炉を含めた原子力発電事業の安定した運営が難しくなっている。

原子力発電を維持する負担を低減するための動きもある。これまでは稼働が停止していても、原子力発電所が立地する自治体に対しては従前の8割程度の電源立地地域対策交付金が公布されていた。その分だけ原子力発電のコストがかさむわけだが、ここになって稼働が成された自治体と停止が続く自治体で交付金の額に差を付ける方向で検討が進んでいる。再稼働を促すための自治体向けのインセンティブ政策でもある。また、廃炉に伴う使用済み核燃料についても貯蔵場所の確保と並行して、電力会社間の共同貯蔵も視野に入れた検討が行われている。使用済み核燃料についても政策の影響力が増す見込みだ。

中長期にわたり原子力発電を維持していくための技術人材の育成にも力が入ってきた。産学官による廃炉のための技術人材育成の動きが始まり、東京大学は廃炉に関する講座の設置を検討しているとされる。復興の一環ではあるが、福島県では廃炉や汚染修復などのための技術開発拠点の整備が進む。電力会社の側でも、中部電力が2009年に商業運転を終えた浜岡原子力発電所1号機で、放射能が圧力容器に与える影響を国際機関と連携して研究する、などの動きが進む。
　一方で、政府は自由化が進むと原子力発電所を運営するための人材や技術を維持できなくなる電力会社が出てくることを懸念し、原子力発電事業の集約を検討しているとされる。今年になって発表された日本原子力発電の分社化と電力会社からの原子力発電所の運営や廃炉を請け負うとの計画も、そうした動きの受け皿になる可能性がある。
　原子力発電に関する制度整備や技術開発が進められる様は従来の「原子力ムラ」復活を想起させる面もある。しかし、その内容を見ると、日本の原子力発電事業が政策への依存度を強めつつあることが見て取れる。

3 2020年の原子力発電

政策主導が強まる

上述したように、川内原子力発電所の再稼働は原子力復帰の大きな突破口になる。

川内原子力発電所は福島第一原子力発電所から最も遠く離れた原子力発電所である。東日本にとって福島は身近な県だ。東北最大の県ということもあり地縁のある人も多い。そうした地域で原子力発電の初めての再稼働の合意を取り付けるのは容易ではない。東日本で川内原子力発電所のような地元合意のプロセスを取るのも難しかっただろう。地域感情という意味で、鹿児島南部と東日本で大きな違いがあることは否定できまい。

福島から遠く離れた川内原子力発電所の技術審査において九州電力は積極的に厳しいリスクケースを想定し原子力規制委員会の評価を獲得した。発電設備容量2,000万kW程度の九州電力にとって原子力発電所が2基復帰することの影響は大きい。遠くないうちに電力単価にも反映されることだろう。玄海原子力発電所が復帰すれば影響はより大きくなる。九州電力の電力料金が安くなれば、関西圏では原子力発電所の復帰を望む声が一層強くなる。再稼働反対派が賛成派に転じるまでいかなくても、再稼働に向けた追い風にはなる。こうして西日本の電力会社が順次原子力発電所の復帰を果たせば、東日本との電力料金格差が広がり、東日本でも再稼働の追い風が吹くようになる。誰かが描いたシナリオか、偶然か、阿吽の呼吸か定かではないが、よく練られたストーリーのようにも見える。

かつて電力会社は経済産業省の人事にまで影響力を持ったとされる。しかし、電力会社主導の鉄のトライアングルが復活することはあるまい。まず、電力会社主導の中心になった東京電力は国による経営管理下にある。将来的には民間経営に復帰するだろうが、国の関与が無くなるまでには長い道のりがある。それまでに電力市場は大きく変わる。福島第一原子力発電所の処理が長期化することも、電力会社主導の体制の復活を阻む。現状のシナリオでも福島第一原子力発電所の事故がいつ収束するのか見えない。これまでの経緯を見ても、幾重にも重なった技術的な難題を想定どおりこなせるかどうか予断を許さない。さらに長引くのは、放射性汚染された廃棄物の処理だ。こうした問題の解決には国の支援が不可欠だ。電力が経済活動や国民生活の基盤であるだけに、国は原子力発電を支え続ける。しかし、そこでは、電力会社主導の構造は国主導にとって変わられる。

国と電力会社の関係で興味深いのは日本原子力発電とJ-POWERの行方だ。日本原子力発電は1950年代に電力会社の共同出資により設立された原子力発電事業の専門会社だ。しかし、同社は東海原子力発電所と敦賀原子力発電所の1号機が老朽化で廃炉の方向にあり、敦賀原子力発電所2号機は直下に活断層があるとされ、再稼働が見込めない状況にある。自社所有の原子力発電所による発電が期待できない中で、電力各社から原子力発電所の運営や廃炉を請け負うことで原子力発電の専門企業としての生き残りを模索している。

一方、J-POWERは日本原子力発電と同じ時代に、政府傘下の持ち株会社として設立された電源開発が母体だ。同社が設立された当初、電力会社は強く反発したとされる。原子力発電については、同社初の原子力発電所である大間原子力発電所について原子力規制委員会に審査が申請された。審査に通れば、電力自由化の中でも独自の存在感を発揮することが期待される。同時に、半世紀以上にわたった電力会社と国の綱引きに一定の帰趨が垣間見えることにもなる。

原子力発電がベース電源の地位を回復する

再稼働までのプロセスにシナリオらしきものを感じるように、ベースロードに向けた道筋も見えてきたように思える。

図表1-2 再稼働に向けた状況

原子力発電所名	申請時期	現　状	発電容量（MW）
川内1、3号機	2013年7月	2014年9月合格	1,780
高浜3、4号機	2013年7月	2015年2月合格	1,740
泊1、2、3号機	2013年7月	審査中	2,070
東通1号機	2014年6月	審査中	1,100
女川2号機	2013年12月	審査中	825
柏崎刈羽6、7号機	2013年9月	審査中	2,712
浜岡4号機	2014年2月	審査中	1,137
志賀2号機	2014年8月	審査中	1,358
大飯3、4号機	2013年7月	審査中	2,360
島根2号機	2013年12月	審査中	820
伊方3号機	2013年7月	審査中	890
玄海3、4号機	2013年7月	審査中	2,360
東海第二	2014年5月	審査中	1,100
大間	2014年12月	審査中	1,383
合　計			21,635

出所：原子力規制委員会HP等の資料から作成

まず、既存の原子力発電所ついては、以下の3つのケースを除き、再稼働を果たす可能性が高い。

- 美浜原子力発電所1、2号機のように、稼働開始から40年前後が経過し、発電容量が数十万kW以下の原子力発電所
- 敦賀原子力発電所2号機のように、直下に活断層があるとの指摘を払拭できない原子力発電所
- 福島県内の原子力発電所のように、地域住民の感情などから再稼働が難しい原子力発電所

こうして復帰できる可能性のある原子力発電所の規模は最大3,500万kW程度に上る。これが65％程度で稼働したとすると、現状の電力会社の全発電量に占める割合は20％程度となる。東日本大震災以前の過半の容量が回復する構図だ。東日本大震災以来迷走してきた原子力発電所の再稼働の認可は川内原子力発電所が技術審査、地元合意の雛形を作ったことで格段にスピードアップする。技術面については、どんなにルーチン化しようとも、川内原子力発電所に求めた以上に、理由なく割り増して安全性を求めることは難しい。原子力発電所の復帰が電力会社の経営に与える影響は大きい。再稼働が認められれば、老朽原発を含め、電力会社は多額のコストを掛けて安全対策を行うはずだ。

地元合意についても、避難計画の範囲と川内原子力発電所で合意対象とした自治体の範囲に大きな差はあるが雛形はできた。今後、合意対象の範囲を広げようとすれば、説得力のある説明が求められる。2年余にわたり、電力会社側も国も十分に苦しんだだけに、反対派や慎重派が前例を覆すには労力を要するはずだ。一方で、景気最優先の政策の動きもあり、安い電力や地方の雇用は再稼働の追い風となる（**図表1-2**）。

上述した原子力発電の回復予測は原子力寄りでもなく、楽観論でもない中立的なものだ。技術審査の型ができ、審査がルーチン化し、原子力発電所が次々と復帰した時の原子力発電のガバナンスはどうなっている

だろうか。筆者は、こうした状態で原子力規制委員会が川内原子力発電所の技術審査が終わるまでの厳格さを保つのは難しいと考える。そもそも原子力規制委員会は原子力発電所の安全レベルを引き上げるために設立された。川内原子力発電所の技術審査までの姿勢がいかに厳しかろうと、原子力発電を維持するための機能なのである。

原子力規制委員会については、各方面からの圧力に耐え、国内が混乱を呈する中、東日本大震災以前に比べて格段に厳しい原子力発電所の技術基準を暗中模索の中で見い出し、いくつかの原子力発電所を廃炉に追い込むことで、最も大きな山場を越えたと捉えるべきなのだろう。後は、新しい基準の下、巡航速度で淡々とした監視を行う機関になるはずだ。もちろん、使用済み核燃料の扱いなどでは再稼働と同様の活躍を期待するが、最も大きな山場は越えたのではないだろうか。福島第一原子力発電所の事故の処理、被害者への賠償が終わらない中、それでいいのか、という気持ちは残る。しかし、原子力発電の全廃という選択肢を取らなかった以上、安全審査をどこまで厳しくするかは専門的な知見を持った組織の判断に委ねざるを得ない。

ベースロード電源としての地位を確保する

既存の原子力発電所が再稼働を果たしたとしても、原子力発電が完全復帰したとは言えない。2000年以降に完成した原子力発電所は5基しかないから、40年稼働を厳格に守った場合は2040年代前半、20年間延長したとしても2060年代前半に原子力発電はおおむね消滅することになる（**図表1-3**）。

原子力発電の中長期的な扱いこそ、政党間で最も意見が分かれる問題だ。公明党は新設を認めず40年運転制限制を厳格に適用とし、民主党は2030年代には原子力発電をゼロに、維新の党は原子力発電からフェードアウト、としている。こうした主張から想起されるのは、既存の原子力発電所を40年で停止する一方で新規の建設ありはリプレース

図表1-3　原子力発電所の建設時期

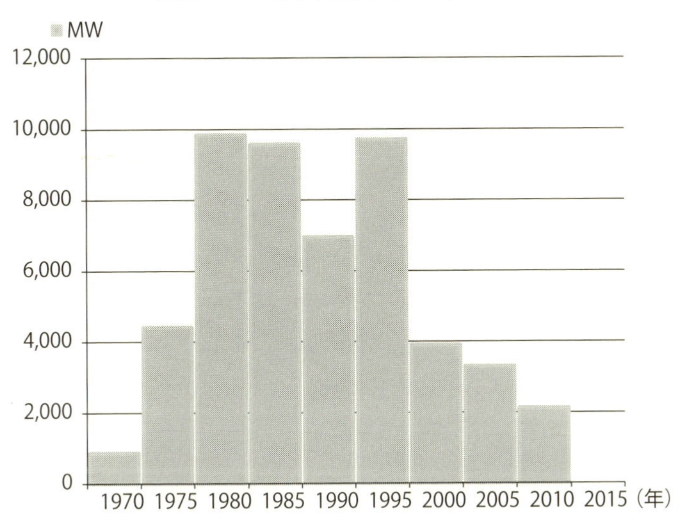

出所：(一社)火力原子力発電技術協会『火力・原子力発電所設備要覧(平成20年改訂版)』より作成

を認めない、ということだ。まさに維新の党のいうフェードアウトである。将来のエネルギー供給を考えているのなら、この間に再生可能エネルギーの大量導入により日本のエネルギーシステムを持続性のあるものにしようということになる。福島第一原子力発電所の事故の深刻さを踏まえれば1つの見識ある主張である。しかし、そのためには徹底した省エネや産業構造の大幅な転換を含む総合的な政策を講じるか、コスト高を受け入れるか、を判断しなくてはならない。固定価格買取制度の現状を見ても、容易なことではない。

自民党はこうした点を現実的に見て、原子力発電をベースロードとするための政策を進めるだろう。ベースロードという言葉からは、中長期にわたり日本のエネルギーシステムの基盤を支えることが想起されるか

図表1-4　原子力発電所の発電容量の推移

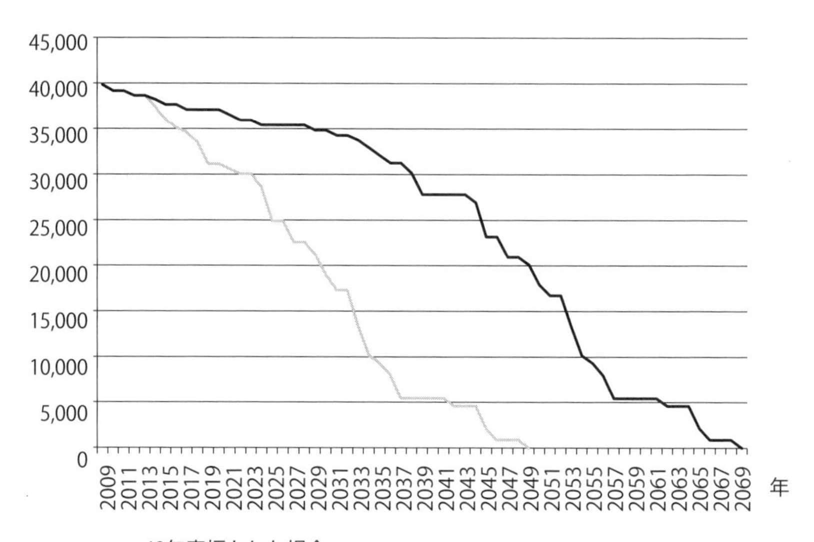

注）中型原子力発電所は40年廃炉とした。
活断層により稼働が難しいと考えられる原子力発電所、福島県内の原子力発電所は除く

出所：（一社）火力原子力発電技術協会『火力・原子力発電所設備要覧（平成20年改訂版）』より作成

ら、原子力発電がフェードアウトしてしまう状況を避けるはずだ。そのためには、40年ないしは60年で現存する原子力発電所を廃炉にした後も原子力発電を維持しなくてはならない。そこで必要になるのが、リプレース（更新）である（**図表1-4**）。

リプレースの可能性を占うのがJ-POWERの大間原子力発電所の技術審査だ。初めての新設原子力発電所の審査であり、MOX燃料を100%

図表1－5　中規模原子力発電所と拡大可能性

原子力発電所名	完成時期（年）	発電容量（千kW）	拡大余地（千kW）
泊原子力発電所1号機	1989	579	421
泊原子力発電所2号機	1991	579	421
女川原子力発電所1号機	1984	524	476
志賀原子力発電所1号機	1993	540	460
敦賀原子力発電所1号機	1970	357	643
美浜原子力発電所1号機	1970	340	660
美浜原子力発電所2号機	1972	500	500
島根原子力発電所1号機	1974	460	540
伊方原子力発電所1号機	1977	566	434
伊方原子力発電所2号機	1982	566	434
玄海原子力発電所1号機	1975	559	441
玄海原子力発電所2号機	1981	559	441
合　計		6,129	5,871

注）拡大余地はリプレースされた原子力発電所の発電容量が100万kWになるとして算出

使うという技術的にチャレンジングなテーマはあるものの、これが合格すればリプレースを否定する技術的な理由はなくなる。一方、ひとたび再稼働に同意した自治体では、将来リプレースが計画された場合、地元住民による大きな反対は起こりにくいのではないか。原子力発電を受け入れるという意思があり、雇用が戻ることの意義を改めて確認している上、リプレースにより建設される原子力発電所の安全性は既存の原子力発電所より高いからだ。

リプレースにより建設される原子力発電所は100万kW級になるだろうから、最近廃炉の方向が示されている1970年代中盤以前の数十万kW級の原子力発電の2倍近い発電容量を持つことになる。新たな立地に原子力発電所を建設することは依然として困難を伴うから原子力推進派は同意が得られた立地での原子力発電の容量アップに力を入れるはずだ。そうして、数十万kW級の原子力発電所の容量が倍増されれば、福島県内や活断層の存在が指摘されている場所で失われる原子力発電所の容量はおおむね回復されることになる。結果として、2030年代には再び原子力発電のシェアが25%程度に回復する可能性がある(**図表1-5**)。

原子力発電の是非に関する議論は収束しない

上述したように、日本中で原子力発電所が続々復帰しても、原子力発電の是非に関する議論が収束することはない。

福島第一原子力発電所の事故が完全に収束するのはいつになるか分からない。これまでも様々な事態が発生したように、今後も現在では想定できない問題が起こることは避けられない。川内原子力発電所が技術審査や地元合意の雛形を作ったと述べたが、再稼働に向けた国民的な合意ができた訳ではない。どんな調査を見ても再稼働反対派が賛成派を上回っている。技術については高い専門性を持った原子力規制委員会が審査基準を作り上げたが、火山の破局的な噴火のように検討対象として見送った事象もある。また、国際的にテロ活動が深刻となる中で、国際情勢の影響を受けるなどして、より厳しいテロ対策が求められるようになるかも知れない。

地元との関係づくりの雛形にはさらにあいまいさが残る。例えば、全ての原子力発電所について30km圏内にある自治体が十分に安心できる避難計画を作ることができるだろうか。できたとしても、そのためにどの程度の投資を行い、いつ来るとも知れない事故に備えて、どのように体制を維持するのだろう。川内自治体で目をつぶった、再稼働に向けた合意対象自治体と避難計画の対象自治体のズレがこのまま許されるかも懸念される。

原子力発電事業は、こうした国民的コンセンサスの懸念を抱えながら運営していかなくてはならない。懸念に火が点く可能性はいろいろと考えられる。福島第一原子力発電所の事故の収束が長引く、あるいは想定外の事故が起こるかも知れない。これまで何度かあったように、電力会社を含む原子力発電関連団体が規定に外れた行為を行い、社会から非難を浴びる可能性も否定できない。海外で深刻な事故が起こり原発反対の声が勢いを増すかも知れない。新興国が大量に原子力発電所を建設するようになり、こうしたリスクは増している。

復興に関わる問題は時間の経過で一層深刻さを増す面もある。住民がいなくなった街の復興は時間が経つほど難しさを増すだろうし、被災者の高齢化なども問題になってこよう。旧ソ連のチェルノブイリ原子力発電所の事故後の状況を見れば、今後健康被害が拡大する可能性も否定はできない。

技術面では使用済み核燃料の処理と核燃料サイクルにめどが立たないことも問題だ。高速増殖炉もんじゅは、核燃料サイクルの中核施設と期待され試運転まで達したものの、1995年にナトリウム漏れ事故を起こして停止したままだ。青森県六ケ所村の核燃料再処理施設は2000年代に入って試験を開始したが、廃液の漏えいなどの問題で完成に至っていない。筆者は、「原子力発電の技術を慎重に維持し、現世代より高い技術力を持った将来世代に引き継ぐべき」としてきた。しかし、その解が10年、20年停滞した既存技術にあるのか、全く新しい技術の開発が必要なのかは分からない。

リスクが顕在化すれば、定期点検などで停止した原子力発電所が再び再稼働できなくなる、という事態に陥る可能性は十分にある。原子力推進派がどんなに努力しても、全てのリスクを完璧に管理する技術、政策運営の方法を見い出すことはできない。現状検討されている原子力発電のコスト評価には、こうしたリスクが含まれていない。我々は、思っているよりはるかに高いエネルギーの手段を選択しているかも知れないのだ。

上述したリスクに加えて、福島第一原子力発電所の事故の反省、電力自由化により一部の電力会社が経営力を落とした場合の備え、を踏まえれば、日本で原子力発電の新たな事業体制が求められていることは間違いない。

技術集積が加速する

多くの懸念がある中で、原子力発電に関わる先端的な技術が蓄積されつつあることにも目を向けるべきだ。

福島第一原子力発電所の事故の収束には様々な困難が立ちはだかる分だけ、数多くの新技術が投入される。ロボット、遠隔監視・制御、排水処理、防御壁、汚染の修復・封じ込め、解体、リサイクル、などについて、福島でしかできない技術開発が行われる。同時に、ここでしか得られない放射能汚染の修復や廃炉の情報、データ、あるいは原子力発電の政策運営についての知見とノウハウが蓄積されている。

福島県内でいまだ10万人もの方々が避難されている現状の中、はばかれるべき発言かも知れないが、災いを多少なりとも将来に生かすのであれば、こうして培われた技術を日本の将来に生かそうとすべきではないか。

まずは、今後も日本のエネルギーの一定部分を原子力発電が支えるのであれば、福島で得られた技術やノウハウは、第1に日本国民の安全と安心のために使われなくてはならない。そのためには、技術やノウハウだけではなく、透明で公正な原子力発電の運営体制を作らなくてはならない。福島第一原子力発電所の事故の原因の1つに、技術過信と閉鎖性に陥った「原子力ムラ」の存在があることは多くの人達が指摘するところだ。本来、国民が厳しい目を向けるべきなのは、原子力発電という技術そのものではなく、こうした体制に対してではないか。

次に、これから経済発展の恩恵を享受しようとしている新興国が多くの原子力発電所を建設するのであれば、福島で培われた技術を提供すべきではないか。福島第一原子力発電所の事故を起こした日本が原子力発電所を輸出するのはいかがなものか、という意見がある。その是非はともかくとして、原子力発電の安全性を高め、万が一の時の被害を最小限にするための技術の輸出であれば反対は少ないはずだ。

本書の冒頭に原子力発電と原子爆弾の故郷であるアメリカ・ワシントン州・リッチランドという町の話をした。原子力技術の故郷というと暗いイメージを持つかも知れないが、リッチランドは自然に恵まれた豊かな街である。町の中に川幅は100 mを超えると思えるコロンビア川がとうとうと流れ、緑に囲まれた川沿いにはジョギングや散歩を楽しむ市民の姿がある。ビジネスマンも多く、企業の研究所も数多く立地する。住宅街やショッピングセンターの質も高く、教育レベルも高い。そして、この町の中心にあるのが、エネルギー省のPacific North West 研究所である。核技術に関する世界トップクラスの研究所であり、その技術的資源を求めて多くの企業やビジネスマンが集まり、街に富を落としているのだ。

福島でも国や原子力関連の技術を軸とした街づくりの計画がある。きちんとした計画を作れば、ここにしかない技術資源があるから、世界中から研究者、ビジネスマン、企業が集まるだろう。

福島には再生可能エネルギーをはじめとする様々なテーマを持った地域振興の計画がある。一つ一つが重要な取り組みだが、事業や産業として地域を支えるためには、地域外の事業者との競争に勝ち抜かなくてはならない。たとえ被災地発の事業であっても市場は厳しい。競争市場で生き残るためには、他にはない何らかの差別性が必要だ。福島第一原子力発電所の事故が収束する過程では世界的に見ても福島にしかない技術や知見が蓄積される。そこを起源とする事業は世界でもまれな差別性を手にすることができる。多くの犠牲を生んだ事故にまつわる技術や知見で地域振興を図ることには嫌悪感を持つ人もいるだろう。しかし、他にはない資源を産業として生かすことができれば、将来に向けた地域づくりに役立てることができる。アメリカのリッチランドはかつてマンハッタン計画で汚染された土地である。そこが原子力技術を核に街を作ってきた過程では、様々な葛藤があったことだろう。錆びついた原子力発電所の残骸や汚染修復の実証試験の設備と美しい街並みの対比は、この地域がたどってきた歴史と人々の想いを想起させる。

パートⅠ

電力政策の行方

第2章

迷走続く 再生可能エネルギー

「2020年　電力大再編」で述べたこと

前著では、再生可能エネルギーについて以下の5点を指摘した。

ポイント1

太陽光発電バブルが起こりつつある

2014年、固定価格買取制度（固定価格買取制度）は各方面からメガソーラーバブルを起こしたと指摘され、根本的な見直しを迫られている。その萌芽は初版を執筆していた2012年末時点でも現れていた。固定価格買取制度が始まったのは2012年7月だが、2012年11月時点のデータを参照にした初版の執筆段階でも、既に太陽光発電の設備認定量が326万kW、風力発電が34.3万kW、その他合計が4.3万kWと太陽光発電の突出ぶりが露見していた。

その理由として指摘したのは、環境アセスメントなどを要せず導入が簡単である太陽光発電に対して、海外市場よりはるかに高い買取価格を設定したことである。発電コストだけが参入障壁と言ってもいい太陽光発電の買取単価を割高にすれば、再生可能エネルギー向けの投資は太陽光発電に集中すると見込んだからである。

そこで懸念したのは、産業政策としての固定価格買取制度の大義が守られるかだ。固定価格買取制度は環境政策として再生可能エネルギーを普及することに加えて、国内産業の振興という産業政策の側面を有している。国際市場に比べて高い買取単価を設定すれば、欧米や中国の企業に押されてきた日本の太陽光関連メーカーは一時的に潤うが、国内の特異な市場に馴れてしまえば国際競争力が強化されることはない。加えて、再生可能エネルギーの導入コストの負担も早晩問題になる。

ポイント2

日本はドイツの成功と失敗を学ばなかった

固定価格買取制度を世界で初めて本格的に導入したのはドイツである。そのドイツが先行させた再生可能エネルギーは発電コストの低いバイオマス発電と風力発電である。経済性の高い再生可能エネルギーで基盤を作った上で、2000年の再生可能エネルギー法施行から数度の法改正を経、日本の固定価格買取制度施行から遡ること8年の2004年、ドイツは太陽光発電の買取単価を45円/kWhから55円/kWhへと一気に引き上げたのである。その成果もあり、翌年には家庭向け太陽光発電により当時世界のトップを走っていた日本の導入量を一気に抜き去り、太陽光発電パネルメーカーも躍進した。東日本大震災後にエネルギー政策の見直しを迫られ、景気の低迷にもあえいでいた日本が、固定価格買取制度のこうした成果に魅了されたのは当然だが、法改正後のドイツの苦悩が制度設計に反映されることはなかった。

固定価格買取制度の改正で太陽光発電の導入量は急増したが、2010年時点のドイツの再生可能エネルギー発電量に占める太陽光発電のシェアは15%に過ぎなかった。これに対して、固定価格買取制度の原資である電力賦課金における太陽光発電向けのシェアは40%にも達しており、太陽光発電の非効率ぶりが浮き彫りになっている。再生可能エネルギー導入先進国のドイツでも、固定価格買取制度による太陽光発電の賦課金負担に苦しんでいたのである。ドイツを多少なりとも救ったのは、太陽光発電の導入を加速する前に、より低コストのバイオマス発電や風力発電の導入に取り組むという基本を踏まえていたことだ。日本は固定価格買取制度による再生可能エネルギー導入の成果にばかり気を取られ、ドイツの再生可能エネルギー普及策の基本と苦悩を学ばなかった。

ポイント3

経済性重視の再生可能エネルギー導入政策を推進すべきである

再生可能エネルギーの導入策では、いかに少ない政策コストで、最大の再生可能エネルギー導入を実現するか、再生可能エネルギー産業の国際競争力を高めるか、が問われる。世界的に見ればkWh単価の低い風力発電が再生可能エネルギーの主流である。大規模事業では、LNG火力発電の発電単価に肩を並べるほどコスト競争力を高めた例もある。経済性の高い再生可能エネルギーの導入に成功すれば、その分だけ、国民負担を低減し、政策資金を他の再生可能エネルギーに振り向けることができる。再生可能エネルギー導入政策ではこうした政策構造の最適化が重要である。日本はいまだにバイオマス発電や風力発電のコストダウンを実現できず、再生可能エネルギー導入後進国とも言える立場にある。そこで、固定価格買取制度を導入し太陽光発電に投資に集中させるのは政策構造の面から不合理である。

一方で、例えば、日本では数十年前から、代表的なバイオマスである一般廃棄物の発電が普及している。世界の一般廃棄物の焼却施設の過半は日本に立地しているのだ。こうした強みを生かせば、再生可能エネルギー導入の効率を高められるだけでなく、新興国で課題となっている廃棄物処理のニーズを開拓するための事業資源を培うこともできる。廃棄物発電プラントの技術だけでなく、廃棄物の分別・収集、発電、適切な制度運用のための仕組みやノウハウも含めたパッケージとして提供すれば、新興国の課題解決と日本の産業振興に資することができる。環境政策と産業競争力の強化という固定価格買取制度の政策目的の構図そのものである。再生可能エネルギー政策では、こうした日本の特性を生かした制度が再設計されるべきである。

ポイント4
コジェネレーションシステム+再生可能エネルギーの地域エネルギープラットフォームを創れ

電化が進んだと言っても、日本のエネルギーの用途の半分以上は熱としての利用である。そこで重要になるのが再生可能エネルギーの熱利用であり、その中心となるのがバイオマスである。ドイツで最も多く利用されている再生可能エネルギーはバイオマスエネルギーだが、その多くは熱利用である。バイオマスはエネルギー密度が低いためそのまま発電に使うと効率が低くなる上、バイオマス専用の設備が必要となるので経済性が低下する。これに対して、熱利用では化石燃料利用に近い効率を確保することができる。

発電に供した場合の効率が低いというバイオマスの課題を解く鍵は燃料化した上で効率の高い化石燃料用の設備に投入することにある。さらに、化石燃料と混焼できるコジェネレーションシステムを作れば、化石燃料で熱量調整ができるので、効率が高く、安定したエネルギーとして利用することができる。

バイオエネルギーの熱利用効率をさらに高めるために有効なのは、日本中の地域に熱配管を整備することだ。そこで、バイオマスのコジェネレーションで基盤を作れば、大気熱、地中熱、下水などの未利用熱も有効利用しやすくなる。どこの自治体にもある一般廃棄物焼却施設の排熱を加えることも可能だ。エネルギー需要が増加している民生分野で課題となっている空調向けのエネルギー源にもなる。こうしたエネルギーの高効率利用のためのプラットフォームを普及させることも再生可能エネルギー政策の重要な視点である。

ポイント5

再生可能エネルギーの行方

今後の日本の再生可能エネルギーの行方は、①固定価格買取制度の運用、②再生可能エネルギーの系統接続条件、③地産地消のエネルギーシステムの促進策の有無、④技術革新、⑤化石燃料価格、⑥地球温暖化対策、などにより左右される。メガソーラーバブルを起こしたとはいえ、固定価格買取制度が短期的に再生可能エネルギー市場を急拡大させたことは確かだ。また、固定価格買取制度により多様な分野の企業が参入し、系統接続の議論が以前より透明化したという副次的な効果もあった。

しかし、固定価格買取制度による再生可能エネルギー市場の盛り上がりは、一時的なものに終わる可能性もある。また、いかに電力市場が自由化されようと、再生可能エネルギー電力が不安定である以上、系統への接続が完全に自由になることはあり得ない。そうなると、固定価格買取制度が大きく見直された後、再生可能エネルギーの導入政策が、技術革新、規制緩和、補助制度を軸とした従来的な枠組みに戻ることも大いに考えられる。

2

2年間の動き

上述した5つのポイントについて、この2年間の動きをまとめてみよう。

ポイント1

太陽光発電バブルが起こりつつある

予想どおり、固定価格買取制度は太陽光発電バブルを引き起こしたが、その規模は想像以上だった。2012年末時点では、太陽光発電の導入認定量が326万kWになったことに懸念を呈していたが、2014年12月末時点の認定量は、なんと7,000万kW弱にも達している。稼働率を加味しない単純な出力規模だけで見れば原発約70基分に相当する。かつて、麻生政権時代に設定された太陽光発電の将来の導入目標は、2020年に2,800万kW、2030年に5,300万kWである。固定価格買取制度による太陽光発電バブルは2030年の目標を僅か2年で超えてしまったのだ。一方で、風力発電やバイオマス発電などの認定量は、合計で300万kW強程度と、太陽光発電の4%強に過ぎない。驚くべき太陽光発電の突出ぶりである（**図表2-1**）。

太陽光発電バブルを牽引したのは、従来からの再生可能エネルギー事業者より、むしろ新規参入組であった。通信、不動産、交通、家電量販店、自動車ディーラーなど、エネルギー事業を本業としない事業者の参入も目立った。多様なプレイヤーの参入は固定価格買取制度の狙いどおりだったかも知れないが、大都市の企業が北海道や九州などの土地を押さえて事業を行い、そこで得た収益を大都市に戻すという構図を作り上げた。さらに、買取単価の高いうちに有望な土地を押さえて固定価格買取制度に申請し、太陽光パネルの価格低下を待って収益を高める、という錬金術のような手法も散見された。国は、発電の認定を得てから半年

図表2-1　固定価格買取制度後の電源種別ごとの導入容量・認定容量

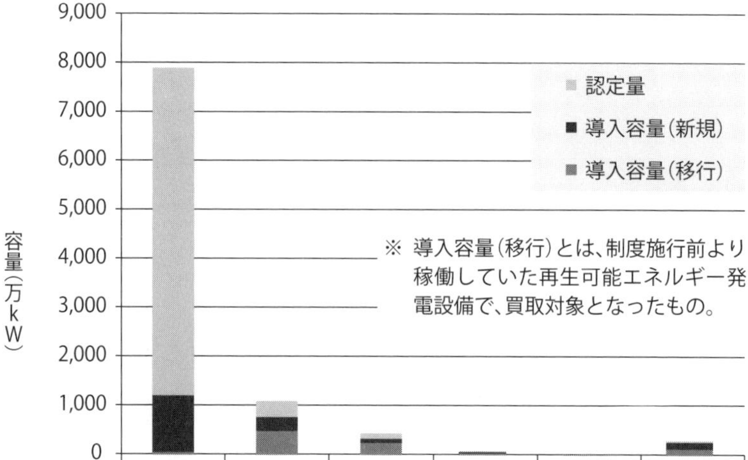

	太陽光発電（非住宅）	太陽光発電（住宅）	風力発電	中小水力発電	地熱発電	バイオマス発電
認定量	6688	334	143	34	1	148
導入容量（新規）	1176	280	22	3	0	12
導入容量（移行）	26	468	253	21	0	113

出典：固定価格買取制度ホームページ公表数値（平成26年11月末）より作成

以内に設備と土地を確保しない業者の認定は取り消すという措置で対抗したが対症療法に過ぎない。また、固定価格買取制度による太陽光発電事業は期待利回りがあらかじめ見通せるのに、それを上回る利回りをうたって投資家を募るメガソーラーファンドが現れたり、メガソーラーを計画する業者が森林法で定められた届け出を行わず山林を伐採してしまうケースが散見されるなど、市場の過熱がもたらしたモラルダウンも増えた。

こうした状況の下、2014年10月、北海道電力、東北電力、四国電力、九州電力は相次いで再生可能エネルギー発電設備の連系接続の申込みに対する「回答の保留」、沖縄電力は接続可能量の上限超過を発表した。現在は、発電制限期間の拡大や蓄電池併設といった制約を設けることにより保留は解除されているものの、買取単価も引き下げられ太陽光発電の申請のペースが激減することは間違いない。

まさに、1990年前後の土地バブルと政策サイドとのやり取りが再生可能エネルギーで再現された形だ。利益確保と事業拡大は民間事業の基本とはいえ、賦課金という国民負担が支える制度の中での、あまりに露骨な利益追求の姿勢に、国民の間に不信感が芽生えつつある。

ポイント2

日本はドイツの成功と失敗を学ばなかった

ドイツで起こった固定価格買取制度の問題は、日本で一層強調されて再現されることになるだろう。あれだけ風力発電やバイオマス発電など熟度の高い再生可能エネルギーを普及させ、満を持して太陽光発電の大量導入を図ったドイツでさえ、太陽光発電の賦課金負担で苦しんでいるからだ。2014年における賦課金は当時のレートで6.24セント（＝約8.7円）/kWhに達しており、300 kWh／月の電力を消費する家庭の負担は1カ月約1,872セント（＝約2,621円）にもなる。

ドイツでは、2007年の「スペインショック」で太陽光発電の導入が加速した。「スペインショック」とは、高い固定価格買取制度の単価を掲げたスペインが2007年に「翌年から買取単価を急減させる」と発表したことで、大量の駆け込み申請とその後の導入急減が起こったことを指す。申請に漏れた太陽光発電の投資資金はドイツに押し寄せ、買取価格が40円台の段階で一気に賦課金が膨れ上がってしまったのである。その後、買取価格が下げられたものの、太陽光パネルの値下がり効果の方が大きかったため導入量は増え続け、賦課金は膨張を続けることになった。太陽光発電の投資資金はこれほどに国境を超えて事業機会を求めているのである。

日本での賦課金は2015年1月時点で0.75円/kWhだから、300 kWh／月電力を消費する家庭の負担は225円／月と、ドイツの10分の1に過ぎない。経産省は、現在の認定量が全て接続された場合の平均的な家庭の負担は935円／月と発表している。国際的に見ても顕著な太陽光発電バブルを呈した日本の賦課金がドイツの半分以下で済むのか予断は許さない。賦課金の負担はまだ国民の間でさほど注目されていないが、時間の経過と共に大きな問題となっていくことは間違いあるまい。せっかくの先行国の痛い経験があるにも関わらず、同じ轍を踏もうとしていることは残念だ。

ポイント3
経済性重視の再生可能エネルギー導入政策を推進すべきである

太陽光発電バブルのあまりの拡大に、影響を何とか抑えようとする後追いの施策が進められている。2014年度で32円/kWhであった10 kW以上の太陽光発電の買取単価は、2015年度には4月から6月は29円へ、7月からは27円まで下げられることになった。さらに、買取単価については設備認定時ではなく系統に販売を開始した時点の価格を適用することでモラルの低い事業者を締め出すための仕組みが検討されている。太陽光発電については、ようやく国際市場並みの事業環境が整えられることになる。儲けだけを目当てに再生可能エネルギー市場に参入しようとする事業者を払拭できるのは結構なことだが、環境保全を重視する善良な事業者も少なからぬ影響を受けることになるだろう。極端な制度の変更は早い者勝ちの不公平感だけを残して、市場を傷付けることになる。3年間の集中導入という当初の意気ごみは一体何のためだったのかと言わざるを得ない（**図表2-2**）。

図表2-2　固定価格買取価格（税抜・kWh当たり）

<table>
<tr><th colspan="2"></th><th>2014年度</th><th colspan="2">2015年度（見込み）</th></tr>
<tr><td rowspan="4">太陽光発電</td><td rowspan="2">10 kW以上</td><td rowspan="2">32円</td><td>4月～6月</td><td>29円</td></tr>
<tr><td>7月～</td><td>27円</td></tr>
<tr><td rowspan="2">10 kW未満</td><td rowspan="2">37円</td><td>東京・中部・
関西電力管内</td><td>33円</td></tr>
<tr><td>上記以外</td><td>35円</td></tr>
<tr><td colspan="2">バイオマス発電</td><td>燃料区分で5区分
13円～39円</td><td colspan="2">燃料や出力で6区分
13円～40円</td></tr>
<tr><td rowspan="2">風力発電</td><td>20 kW以上</td><td>22円</td><td colspan="2" rowspan="5">据え置き</td></tr>
<tr><td>20 kW未満</td><td>55円</td></tr>
<tr><td rowspan="2">地熱発電</td><td>1.5万kW以上</td><td>26円</td></tr>
<tr><td>1.5万kW未満</td><td>40円</td></tr>
<tr><td colspan="2">中小水力発電</td><td>発電区分で3区分
24円～34円</td></tr>
</table>

出典：経済産業省「平成27年度調達価格及び調達期間に関する意見」をもとに作成

一方、導入が進んでいない風力、地熱、中小水力、バイオマスの買取価格は、バイオマスで小規模な発電施設向けの価格が新しく設定される他は2015年度も変わらず、据え置かれる見込みである。ただし、いずれも国際価格に対して割高なレベルにあることから、再生可能エネルギー政策が経済性重視に転じたとは言えない。事業構造から太陽光発電のようなバブルは起きないだろうが、国民負担を軽減しながら日本の再生可能エネルギー関連企業の国際的強化につなげる、といった固定価格買取制度の政策目的の達成は遠い。特に、風力発電が海外に比べて大幅に割高な状況を改善することなしに日本が経済性の高い再生可能エネルギーを享受することはできないことは問題だ。また、前述したような日本が強みを生かした再生可能エネルギーを普及するという姿勢も見受けられない。

太陽光発電バブルは消したものの、日本の再生可能エネルギー政策のあるべき姿はおぼろげにも見えていない状況だ。

ポイント4
コジェネレーションシステム+再生可能エネルギーの地域エネルギープラットフォームを創れ

前述したとおり、経済性の高い再生可能エネルギーの普及には熱の有効活用が必須だが、残念ながら、日本には熱を面的に利用するためのインフラがほとんど整備されていない。

一方で、民間分野を見ると、電気と熱を効率的に利用するための都市基盤が各地で整備されている。六本木ヒルズは以前からガスコジェネレーションによるエネルギーシステムを備えた都市として有名だ。東日本大震災でも電気が絶えることなく、自律型エネルギーシステムの価値を国内外に示した。近年では三井不動産の柏の葉、日本橋再開発、パナソニックとの共同による「Fujisawaサスティナブル・スマートタウン」のような民間主導型のスマートシティプロジェクトが続々と立ち上がりつつある。いずれもha単位の土地でコジェネレーションが生み出す電気と熱を地域として活用する事業だ。こうした事業が可能になったのは、エネルギーシステムを生み出す価値を不動産の価値に反映できるようになったからだ。しかし、一般の地域では民間主導で同じような電熱融通のためのインフラを整備することは難しいため、コジェネレーションと再生可能エネルギーによるプラットフォームを面的に広げることができない。長期間の投資回収が必要な熱融通のインフラを民間投資に委ねるのは負担が大きいのだ。

そこに着目したのが、総務省が進める「分散型エネルギーインフラプロジェクト」と言える。自治体が街の再構築の構想と合わせて地域エネルギー事業の計画策定に積極的に関わり公共的な意義を見い出すことができれば、熱導管などのエネルギーインフラ基盤を自治体主導で整備する道が開ける。その上でコジェネレーションなどのエネルギーシステムを民間主導で整備すれば、官民協働で地域のエネルギー資源を活用した地域活性化を図ることができる。こうした事業が広がれば地域エネルギープラットフォームの基盤が出来上がる。

経済産業省も一事業所内に閉じていたコジェネレーションの設備補助を、熱と電気の一体的な取り組みなどの先進性があり十分な省エネ効果が見込まれれば、施設間をつなぐエネルギーネットワークも含めて対象とするとしている。

まだ緒に就いたばかりだが、官民を挙げた地域エネルギープラットフォーム整備の政策が芽生えつつある。

ポイント5

再生可能エネルギーの行方

前節で挙げた5つの項目について、追記しよう。

固定価格買取制度の運用については既に述べたが、再生可能エネルギーの系統接続条件も太陽光発電の導入拡大に伴い新たなルールが追加される見通しだ。固定価格買取制度では、電力会社が再生可能エネルギー発電の系統接続を認め買い取ることとされる一方で、「系統への影響を与えない限りにおいて」、という条件が付されていた。この条件が再生可能エネルギー導入の障害とならないように接続制限ルールが設定された。例えば、太陽光発電の系統への接続可能量を超えていない北海道・東北・九州電力以外の電力会社では、無保証での出力制御を時間単位で年間360時間以内設定できるようにした（従来は30日／年と日単位）。一方で、北海道・東北・九州電力では従来の年間30日以内という制限を超えて出力制御をすることを可能としたり、発電設備の系統接続に対する遠隔制御を求めるなどにより、電力会社の受け入れ余地を広げることとなった。大量の太陽光発電をできるだけ生かしながら何とか制御しようという政策判断だ。ただし、そのための調整負担は確実に増える。一部電力会社では、再生可能エネルギーの調整負担のために火力発電の採算が悪化するとの懸念が示されている。

2015年4月、経済産業省は2030年時点の電源構成の案を示した。それによると、原子力発電を20～22%とする一方で、再生可能エネルギーを22～24%とし、LNG火力と石炭火力を各々27%、26%とした。原子力発電より再生可能エネルギーの比率を若干高めにすることでバランスを取った構成と言える。コジェネレーションの比率は明確ではないが、2014年に策定された「第4次エネルギー基本計画」では、省エネ性・再生可能エネルギーとの親和性・電力需給ピーク緩和への貢献・電源構成の多様化・分散化・災害に対する強靭性といった特性が評価され、コジェネレーションの推進が明確に記述されている。今後のエネルギーミックスの数値目標設定に当たり、かつて民主党政権時代に目安とされた「コジェネレーションで15%」という導入目標がベースとして議論が展開されている。

こうしたコジェネレーション推進の政策と、各省庁・自治体や不動産会社などが企画するスマートシティ建設が合わさって、エネルギーの地産地消が浸透していく可能性が出てきた。

周辺技術の革新が進む

技術革新について見ると、再生可能エネルギーの発電技術そのものについては、浮体式洋上風力への踏み込み以外に目立った動きはない。一方で、周辺技術やサービスに関する動きは活発だ。最も注目されるのが、燃料電池の飛躍的な進歩だ。自動車ではトヨタ自動車が小泉政権時代には1億円を超すと言われていた燃料電池自動車を700万円程度でリリースした。燃料電池メーカーによれば、家庭用SOFC（固体酸化物系燃料電池）について、3年以内に発電効率55%、価格50～70万円程度の商品が市場投入されるという。こうなると経済的にも系統電力と対抗できるようになる。燃料電池は内燃機に比べて設置コストが低いため、コジェネレーションの適用範囲が大幅に拡大する可能性もある。

もう1つ注目されるのがEMS（Energy Management System）の進歩だ。EMSの性能対比の価格は10年前に比べると10分の1にもなっている。燃料電池と同じように技術革新が起きているからだ。家庭用のHEMSの価格も数万円以下になるともされており、新築の住宅にHEMSが装着されるのが当たり前という時代になる。

こうした家庭用SOFCと太陽光発電、HEMS、さらにリチウムイオン電池が組み合わされれば、自立可能なだけでなく外部に電力を供給できるスマートハウスが実現する。今後、太陽光発電の買取単価が下がっても、家庭用電力や低圧電力では太陽光発電の実コストが電力の購入単価に近づくため採算が取れるようになる。周辺技術が住宅などとセットになることで、日本版のグリッドパリティが需要サイドから実現されていくかも知れない。

化石燃料の影響を受ける再生可能エネルギー

化石燃料の価格は、2000年前半から2008年のリーマン・ショックまで上昇を続け、その後いったん下がったものの、2010年半ばから2014年半ばまで高止まりが続いていた。一方で、再生可能エネルギーの価格は技術革新などで低減を続け、各国の政策と相まって世界的に再生可能エネルギー導入が加速した（**図表2-3**）。

しかし、化石燃料価格は2014年7月頃から急激な勢いで低下し、現在では2010年5月頃の水準まで戻っている。シェールガスの急速な普及に危機感を抱いたOPECが対抗措置として原油価格低減を容認し、シェー

図表2-3　原油価格とドイツの再生可能エネルギー導入量の推移

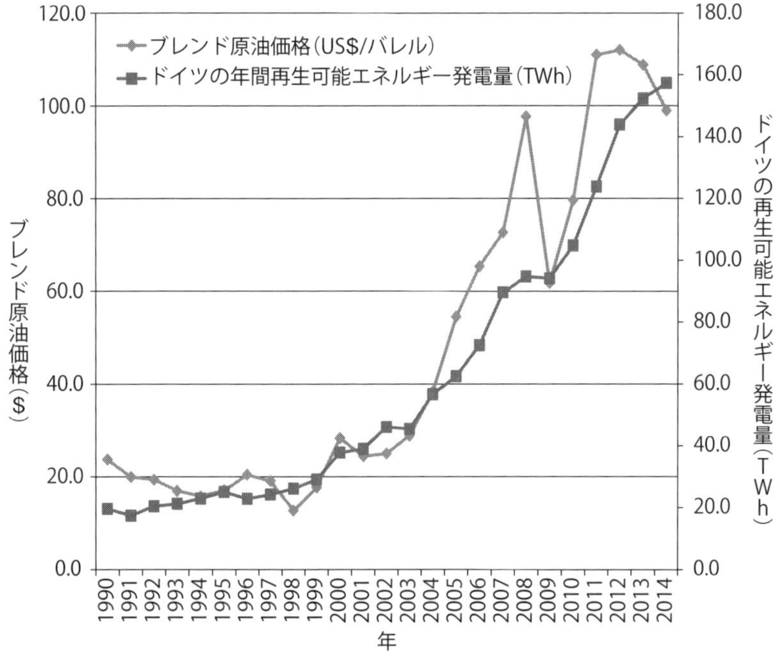

出典：AGEB公表資料をもとに作成

ルガス開発に圧力を掛けているためだ。2月に入って、原油価格は反発したが、中期的に見ても100ドル／バレルを超える水準まで回復するかどうか分からない面がある。背景には、資源開発の技術革新による世界的な燃料の需給バランスの変化があるため、再生可能エネルギーの普及に向かい風となるとことは避けられない。図表2-3に示すように、再生可能エネルギーの導入量は原油価格の動きと連動しているからだ。長期にわたって繰り返される化石燃料に対する再生可能エネルギーの経済性の変動の一端だが、この10年間高まってきた再生可能エネルギーの優位性は若干低下することになろう。一方、日本では、為替変動や国際的なエネルギーの需給動向の影響を被りにくい再生可能エネルギーの重要性は変わらない。

気候変動対策への努力が問われる日本

地球温暖化対策について、日本はCOP19で「2020年までに2005年度比3.8％減」という消極的な目標を提示して国内外から批判を浴び、COP20でも存在感を示せなかった。原子力発電の再稼働が視野に入ってきたものの、エネルギーミックスの中でどの程度のシェアを期待できるかが不透明な状況にあることが理由だ。

そうした中、従来“途上国”として先進国に削減義務を要求してきた中国が、世界第2位の経済大国にして世界最大のCO_2排出国である立場から、2030年をめどにCO_2排出量を削減するとの姿勢を見せた。次期、第13次5カ年計画に向けて具体策が検討されているという。さらに、中国と並ぶ大排出国で排出削減義務の抵抗勢力だったアメリカも、2025年までに2005年比で26～28％削減するとの目標を表明した。共和党の反発で実現が危ぶまれる面もあるが、両大国の姿勢転換が地球温暖化問題の議論に大きな影響を与えることは間違いない。

排出削減を先導してきたEUは2030年に1990年比40％削減という意欲的な目標を掲げており、日本は「できるだけ早期の提出を目指す」というのが精一杯の守勢を余儀なくされてきた。2015年にパリで開催予定のCOP21では、2020年以降の世界の気候変動対策の大枠が合意することが目標とされており、日本は国内外から理解される目標を提示しなくてはならない。現在、2030年の排出量を2013年対比20％減とする方向で検討が進められている。固定価格買取制度が見直される中で、再生可能エネルギーへの積極的な取り組みが必須となり、財政面を含む厳しい舵取りが必要になる。

3

定着なるか地域主導の再生可能エネルギー

経済性重視の再生可能エネルギー政策へ

日本は、原子力発電の位置づけが定まらない中で、国内では国民が納得するエネルギーミックスの提示、海外に向けては世界有数の経済大国に相応しい二酸化炭素削減目標の提示が求められている。しかし、太陽光発電バブルを招いた固定価格買取制度は見直しを余儀なくされており、再生可能エネルギー政策は再び大きな転換点にある。そこで重要になるのは、2つの観点から、再生可能エネルギーを導入することである。

1つは、コストの安い再生可能エネルギー電力の導入を促進することである。熱エネルギーも含めると世界で最も活用されている再生可能エネルギーはバイオマスだが、発電分野に限れば風力発電である。発電単価が安いからである。ドイツの風力発電の買取単価は、事業開始から0～5年目までは8.93ユーロセント（=約12円）／kWhだが、6年目～20年目までは、何と4.87ユーロセント（=約6.6円）／kWhだ。それでもIRR（内部収益率）7.0%以上の収益が見込めるという。日本の天然ガス火力発電の発電単価を上回る経済性である（**図表2-4**）。

風力発電は技術的に成熟しており、日本国内でも北海道を中心に大きなポテンシャルがある。実態的な賦存量は太陽光発電以上に大きい。再生可能エネルギー発電全体のコストを下げるためにも、風力発電を増やして太陽光発電を抑制すべきだがハードルがある。風力ポテンシャルの高い地域は北海道に集中しているため、発電した電力を本州に持ってくるためには北海道と本州を結ぶ北本連係線の容量アップが前提条件になるからだ。本州でも風況のよい風力発電の適地はあるが、山間部で猛禽類の生息地であることから環境アセスメントの要件が厳しい。こうした課題を解消するには時間を要する。

図表 2-4　2012年ドイツの固定価格買取価格（ユーロセント/kWh）

電源種別		出力区分など	買取価格	買取期間
太陽光発電	屋根設置	0～30 kW	24.43	20年
		30～100 kW	23.23	
		100～1,000 kW	21.98	
		1,000 kW～	18.33	
	平地設置	転換地など	18.76	
		その他用地	17.94	
風力発電	陸上風力	0～5年目	8.93	20年
		6年目以降	4.87	
	洋上風力	0～12年目	15	
		13年目以降	3.5	
水力発電		0～500 kW	12.7	20年
		500～2,000 kW	8.3	
		2,000～5,000 kW	6.3	
地熱発電		―	25	20年
バイオマス発電		< 150 kW	14.3	20年
		150～500 kW	12.3	
		500～5,000 kW	11	
		5,000～20,000 kW	6	

※ 2012年の平均の1ユーロセント＝約1.03円
出典：経済産業省「欧州の固定価格買取制度について」

バイオマス発電については、ドイツは古くから取り組み、発電量のシェアでも太陽光発電以上に多い。買取価格は出力規模別にきめ細かく設定されており、150 kW以下では買取期間20年間で14.3ユーロセント（=約19円）/kWhだが、5,000kW以上では6ユーロセント（=約8.1円）/kWhとなっている。ドイツのバイオマス発電の半分以上はメタン発酵のバイオガスを使っている。日本のメタン発酵による発電の買取価格が39円であることを考えると、バイオマスについても、日本の単価は国際水準からかけ離れていることが分かる。もっとも、ドイツではバイオマスの利用の8割近くは熱需要向けであり、発電でもコジェネレーションにすることが固定価格買取制度の条件となっているから、コストの一定部分は熱供給で回収されている。バイオマス発電だけではエネルギー効率が20～30％程度にしかならないので、熱を利用して効率を高めることが固定価格買取制度の前提条件となっているのだ。エネルギーの効率利用という原則にこだわることが経済性を高めている点に注目したい。

再生可能エネルギーの政策動向

買取価格の動向を見ると、日本の再生可能エネルギー政策がどこに注力しようとしているかが分かる。2015年度、10 kW以上の太陽光発電の買取価格が2014年度の32円/kWhから27円（7月～）と大幅に下げられる一方で、10 kW未満の太陽光発電は37円/kWhから35円/kWhと大手3電力管内以外は小幅な削減にとどまる見込みだ（買取余力があるため出力抑制制御機能の付帯が不要な東京・中部・関西の3電力管内は33円/kWh）。固定価格買取制度の価格は、各種別の発電システムの平均価格の動向を踏まえて、一定の収益が得られるように設定されているので、システム価格の低減に伴い買取価格も下がる。ただし、固定価格買取制度開始から3年間は利潤配慮期間とされ、買取価格の算定に当たり、再生可能エネルギー事業者の利潤（通常、IRRで5％程度）が上乗せ（IRRで1～2%程度）された。

10 kW以上の太陽光発電については、この利潤配慮期間が2015年7月に終了し、大幅な価格低下となることとなった。なお、住宅向け太陽光発電のシステムについては、「IRRを保証するという考え方はなじまない」などの考え方から、もともと調達価格の算定に当たって、IRRとして一般的なソーラーローンの金利である3.2%を採用しており、今後も維持される見込みだ。一方、風力、バイオマスなどその他の再生可能エネルギーについては、導入が十分には加速されていないことから、引き続きプレミアムの上乗せを続けるという「導入状況プレミアム」が適用される。また、システム価格の低減も進んでいないので買取価格は維持される方向にある。

大型の太陽光発電偏重を正して、バランスの良い再生可能エネルギーの普及を図る政策姿勢が伺える。以下、各再生可能エネルギーの動向を確認しておこう。

〔太陽光〕

買取価格変更に合わせて、前述のとおり、導入量の多かった北海道電力・東北電力・九州電力管内で系統への接続ルールが強化されたため、事業のハードルは一層高まることになり、メガソーラーへの積極的な導入支援は終焉を迎えたと言える。一方、10 kW未満の太陽光発電については、系統接続制限をなるべく行わないよう“配慮する”とされている。背景には、小型の太陽光発電の余剰電力は、まず低圧配電網の中で消費されるので、同じ配電系統で他の需要を取り込めば基幹系統への影響は少ないといった事情もある。大手の住宅メーカーはスマートハウスの普及に積極的で、新築の住宅の太陽光発電の設置率が7割を超えるところもある。こうした日本の住宅市場の先進的な特性が考慮された可能性もある。

〔風　力〕

風力発電については価格据え置きとなったが、前述のとおり環境アセスメントなどの事業着手に向けたハードルが依然として横たわる。事業実施まで時間が掛かり過ぎるという課題への対策が出されていない以上、加速要因は無いと見ていい。もっとも、政府は洋上風力普及に向けて徐々に舵を切り始めた。国土交通省は、航行船舶などの安全性を確保しつつ、港湾への洋上風力発電の導入を促進するための技術ガイドラインをとりまとめ、2015年3月に公表した。固定価格買取制度では、2014年度に風力発電の1.6倍の単価となる洋上風力の買取単価が設定され、福島沖では7 MW×2基を建設するための大規模な浮体式洋上風力発電の実証事業が進められている。

〔小水力〕

小水力発電については導入実績は少ないが農林水産省の動きが活発だ。2011年度末に閣議決定された土地改良長期計画では、「農業水利施設を活用した小水力発電等の導入に向けた計画作成を2016年度までに約1,000地域で着手する」ことを重点的な取り組みとして掲げた。農林水産省は農業の2次産業・3次産業への多角的な展開を目指す6次産業化を進めており、農水路などを活用した発電事業も手段の1つと捉えている。そのため、これまであまり活用さなかった低落差・小流量用の低コスト発電設備の導入に係る技術実証や、水力発電の水利使用の手続きの簡素化などの支援を行っている。水利権の調整では、河川法が大幅に改定され、出力が1,000 kW未満の小水力発電に対しては認可の手続きが簡素化された。ただし、規模の割に維持管理コストが大きいという小水力発電特有の課題は残る。

〔地　熱〕

地熱発電については、日本は環太平洋火山帯に位置するため、アメリカ、インドネシアに次ぐ2,300万kW以上の発電ポテンシャルを誇る。安定電源としての期待もあり、買取価格は据え置きとなった。ところが、地熱発電所として有望な地域の多くが国立公園などの中にあるため環境規制が厳しく、付近の温泉地で温泉が枯渇するといった懸念や反対などもある。また、10年もの期間を要するとされる調査、掘削から安定した発電までの費用とリスクに対応するために、資金的体力のある事業者でないと参入が難しい。

こうした課題の解決策の1つがバイナリーサイクル発電だ。バイナリーサイクル発電は、ペンタンや代替フロンなど水より沸点の低い熱媒体を温泉の熱湯や水蒸気で気化させタービンを回す発電技術だ。新しい源泉の調査や掘削が不要な上、既存の温泉を使えるため、比較的低コストかつ短期間で運転を開始できる。源泉の湧出量に影響を与えないのも大きなメリットである。源泉の温度が高すぎて入浴用に温度を下げている温泉地では、捨てている熱エネルギーを電気に換えて収益化することもできる。ボイラー・タービン主任技術者の常駐が必要という規制がネックだったが、政府は小規模な温泉発電施設については緩和を検討している。前向きな環境が整ってきたが、現在の技術では、採算ラインとされる湧出量毎分1,000ℓ以上、湯温100℃以上という条件をクリアする地点はさほど多くない、という問題もある。

〔バイオマス〕

バイオマスについては買取価格が据え置きとなる上、経済産業省は出力規模の小さい木質バイオマス発電向けの優遇価格を2015年度から新設する方針を決めた。従来、規模に関わらず同じ価格で買い取ってきたが、規模が小さいことによるコスト高分を考慮した価格で買い取るという。木質バイオマス発電は出力規模が5,000 kW程度ないと採算性が見込めないとされるが、そのためには年間6万トンもの木質チップが必要になる。小規模事業に支援することで、バイオマスの活用機会を増やすとの意向だ。

バイオマスについては、「木質バイオマスエネルギーを活用したモデル地域づくり推進事業」を推進する環境省、「農山漁村活性化再生可能エネルギー導入等促進事業」や「地域バイオマス産業化推進事業」を推進する農林水産省なども普及に力を入れている。さらに、バイオマスの熱利用に向けては、経済産業省の「再生可能エネルギー熱利用加速化支援対策費補助金」により、熱利用設備導入費の3～2分の1の補助が適用される制度もある。このように個別の事業への支援は広がるものの、ドイツのように熱利用を固定価格買取制度の適用条件にするなどインパクトのある施策には至っていない。

こうした価格設定動向や施策の状況を見ると、小型太陽光や小水力、小型の地熱、バイオマスといった地産地消型の再生可能エネルギーが重視される傾向にあることが分かる。ただし、それぞれのエネルギーが抱える特有の課題を解決するための対策が十分には講じられていないため、普及が加速する状況にあるとは言えない。固定価格買取制度を単価を上げることで一面的に導入を加速しようという政策が市場を混乱させたことを考えると、今後はそれぞれエネルギーの特徴を踏まえた丁寧な技術開発支援や規制緩和が重要性を増すことになる。

注目を浴びる地域分散型再生可能エネルギー

再生可能エネルギーを導入するためのもう1つのポイントは、地産地消の原則に立ち戻り、地域主導で再生可能エネルギーの普及を図ることである。地域主導とすることで、電熱のバランスが高まるだけでなく、地域資源の活用が進んだり、地方創生政策と一体とすることができるからだ。

そこで、固定価格買取制度だけに頼らないで、地域分散型の再生可能エネルギーをどのように普及させるか、にも注目が集まる。2014年6月、自由民主党政務調査会の下部組織、資源・エネルギー戦略調査会が設置した「地域の活性化に資する分散型エネルギー会議」が「地域の活性化に資する分散型エネルギー会議 提言」をまとめた。本会議では、従来の大規模型のエネルギー供給システムから脱却し、再生可能エネルギーなどの分散型エネルギーの導入を各地域で進めることで、エネルギーの地産地消のみならず、地域の雇用創出や経済成長を促すことを目的とし、必要な取り組みについて議論を行ってきた。提言に以下の内容が含まれる。

- 北本連係を軸とした「①再生可能エネルギーの導入の基盤である系統連系等に係る取組の強化」
- 風力・地熱発電の導入拡大に向けた環境アセスメントの更なる迅速化などを含む「②再生可能エネルギー等の導入拡大に向けた規制改革」
- 市町村別の認定状況のよりきめ細かな公表など効率的な運用を求める「③固定価格買取制度改革」
- 地域内のエネルギー自給に資する熱電併給に対するインセンティブが得られるような取り組みを含む「④バイオマス発電等の推進」
- 熱導管などの地域熱供給設備を「公共インフラ」としての位置づけ、許可手続きの緩和などの取り組みを実施する「⑤地域における熱供給事業等の推進」
- 日本独自の高品質で高性能な再生可能エネルギー・省エネ機器の世界的普及を狙う「⑥LED照明機器、燃料電池等の機器の国際標準化の推進」
- スマートグリッド関連の世界トップレベルの試験評価・研究拠点の整備等を進める「⑦スマートグリッド分野の認証基盤構築」

この中で、地域との関係が特に深いのが「④バイオマス発電等の推進」と「⑤地域における熱供給事業等の推進」だ。バイオマス発電では、需要と発電が近い「地域」だからこそ、発電の排熱を有効利用できる。実際、バイオマスに長年取り組んできたドイツでは、カロリーベースで見ると8割以上が熱利用であり、固定価格買取制度の適用を受けるには熱の活用が義務づけられている。こうした制度があれば、大規模にして僅かな効率向上とコストダウンを図るより地域での電熱併給を考えるようになる。

メガソーラー偏重では、地域外の大手企業が収益を得て地域への還元が不十分であるという課題があった。総務省は地域内での資金循環構造を作るという観点も含め、2014年から14の地域で、「分散型エネルギーインフラプロジェクト」の事業を検討している。熱供給事業も含めた地域エネルギー事業を立ち上げるために、地域の企業と自治体がどのような役割を担うべきか、どのようにインフラを整備するかなどを検討している。

盛り上がる民間事業

政策だけでなく、民間事業者の動きが顕著となったのもこの2年間の特徴である。最小単位は「スマートハウス」だ。住宅は、太陽光発電の実効出力3～5 kW程度、燃料電池1 kW程度、需要1～5 kW程度と、需要と供給が接近した「地産地消」の最小単位と言える。この分野での技術開発、商品開発、企業の事業戦略も地域分散型再生可能エネルギーを実現するための重要な鍵となる。

業務系ビルで同様な取り組みを盛り込んだのが、「ゼロエミッションビル」である。ゼロエミッションビルは、文字どおり、CO_2排出ゼロを目指すビルである。太陽光発電や小型風力などの創エネを採用しつつ、高断熱・高効率熱源・自然空調・エネルギー管理の採用などによりエネルギー消費の徹底的な削減を目指す。

単独の住宅やビルの取り組みが街として進化したのが「スマートコミュニティ」である。スマートコミュニティでは、施設の集合体にデマンドレスポンスを提供することなどによる需要の制御、再生可能エネルギー、廃棄物処理施設の余熱のような地域資源、大型のコジェネレーションなどを面として取り入れれば、付加価値が高く経済的なエネルギーシステムを作り上げることができる。

スマートコミュニティから「地域エネルギー事業」へ

地域の分散型再生可能エネルギー事業で近年注目を浴びているのが、「地域エネルギー事業」である。スマートコミュニティで問題になるのは、誰がコミュニティのエネルギー管理を行うかである。日本でも、横浜市・豊田市・けいはんな・北九州市の4地域でスマートコミュニティの実証を行い、その他各地で後続のプロジェクトが立ち上げられているが、技術に一定のめどがついても、運用を継続させるのは容易ではない。複数の需要を取りまとめ、小型分散のエネルギーを集約するには、意志と実行力を持った事業主体が不可欠だからである。限られた場所で政府の資金援助により実証事業を実行できても、こうした事業主体がなければ事業として継続することはできない。そこで求められるのが地域ごとの事業主体であり、その実現の試みが「地域エネルギー事業」と言える。

地域エネルギー事業が目指す街づくりは、「スマートコミュニティ」と大きな差はないが、それを動かすための事業構造と事業体制に焦点が当てられる。そのためには、事業を経済的に回すことが大前提となる。公共の関与や支援は否定されないが、地域としての目的や意義が明確であることが前提だ。これまで、エネルギーを調達するための資金は地域の外に流出してきた。これを地域内の事業資源やエネルギー資源でできるだけ賄うようにすれば、その分だけ地域に資金が還流することになり、地方創生のエンジンともなる。詳細については、第5章で改めて触れることにしよう。

第3章
自由化が生み出すのは寡占か競争か

1

「2020年　電力大再編」で述べたこと

「2020年　電力大再編」では、電力自由化の行方について、以下の6つのポイントを指摘した。

ポイント1
電力小売全面自由化は自民党への政権交代でも停滞しない

自民党は、民主党政権が組成した電力システム改革委員会の策定した、かつてない積極的な改革案をほとんどそのまま受け入れた。福島第一原子力発電所の事故で、電力会社寄りの姿勢を取ることが政治的にリスキーな中で、原子力発電の再稼動を目指す自民党政権は、電力自由化を原子力発電の再稼動とセットで進めざるを得なかった。原子力発電がかつてほど低コストの電源と言えなくなった中で、競争促進により発電コストを抑える電力自由化は原子力再稼動に必要不可欠な政策だからである。同時に成長戦略を重視する経済産業省の方向性と政権の方向性も合致しており、家庭向け小口分野の小売自由化により生まれる新たなビジネスは産業界からの支持も大きい。

2000年代の自由化には非常に強く抵抗した電力業界も、電力小売全面自由化を受け入れる方向にある。その背景には、福島第一原子力発電所の事故以来の市場や社会の機運と、料金値上げ申請の難しさで苦しむ経営状況がある。新たな経営基盤づくりのためにも電力自由化の受け入れはやむを得ない面があるのだ。政治、行政、民間いずれから見ても、家庭向けを含めた小売の全面自由化は既定路線化している。

ポイント2

自由化の成否は電力会社間の競争と新規参入者がどこまで力を持てるかに掛かっている

電力会社が国内市場を分割し、それぞれの市場で支配力を維持する中では、本格的な競争が繰り広げられる市場の誕生を期待することはできない。過去の自由化では電力会社は実質的な地域独占を維持し、家庭向け市場の利益を源泉にして顧客を囲い込んできた。電力会社が他社の管内に参入したのは、九州電力が中国電力管内のスーパー1件に電力販売を行った例だけである。

これまで自由化された市場で3.6%程度のシェアしかないPPS（Power Producer and Supplier）が電力会社と対等に競争できる環境整備も必要だ。そのためには、卸電力市場改革と中立的な送配電網の運用が必要となる。力のあるPPSを生み出すために、PPS間の統合、外資参入の許可などを促す政策姿勢も重要になる。

家庭用の電力供給が自由化されれば、電力会社の利益の源泉が開放されるため、競争環境が変わるきっかけとなる。そこで新たな競争が展開されるためには、使い方に応じた柔軟な料金メニュー、通信・不動産などと結びついた生活サービスとのセット販売が可能となるような企業参入の促進、制度整備が必要となる。

ポイント3

自由化の推進には卸電力市場の強化が必要である

既に1,000 kW以下の小規模の電力を取り扱う小口電力取引市場が開設されるなど、法改正を待たずに市場改革のための仕組みづくりが先行している。問題は、こうした改革によりPPSが電力会社と対等に競争できるようになるか否かである。しかし、現在のように、電力会社が圧倒的な量の電源を持つ中で、取引市場が市場構造に十分な影響を与えることはできない。PPSと電力会社の本格的な競争を実現するためには、欧州で実施されているように、電力会社に保有電源の一定割合の電力を取引市場に提供する義務を課すなどの政策が必要になる。

競争市場の機能を強化するために重要な役割を期待されるのがIPPである。しかし、過去の自由化では、IPPは単なる電力会社の効率化の手段にとどまった。市場が本格的に機能する、という期待が高まれば、電力会社だけに電力を売っていたIPPにも卸電力取引所に電力を投入し、発電所に投資しようとするインセンティブが働く。そうなれば、電力会社が支配してきた圧倒的な発電資産とIPPの電力をPPSが利用できるようになり、本当の競争市場が生まれる。IPPのインセンティブと市場機能の卵と鶏の関係を崩す明確な政策姿勢が必要だ。

ポイント4

広域系統運用と発送電分離を実現できるかが注目される

「広域系統運用」は電力の小売全面自由化と並ぶ最重要課題である。送電線が電力会社の影響力の及ばない形で広域かつ中立的に運用されれば、電力会社間の競争や再生可能エネルギーの導入が進み、電力会社の市場支配力は低下するはずだ。電力自由化の進展が避けられない機運にある中で、電力会社は送配電事業を通じた市場支配力の維持に注力することになろう。送配電事業のノウハウや人材は電力会社に集中しているため、電力会社の意向に対抗して中立性を確保するのは容易ではない。

「発送電分離」は送配電の中立的な運営のために不可欠の施策だ。法的分離（持ち株会社の下で発電会社と送電会社を分離する）の方向が示されてはいるが、電力会社内のカンパニーにとどまる会計分離で終わってしまうのか、持ち株会社の下で別会社化される法的分離、さらには発電部門と所有権が完全に切り離された所有権分離へと発展するのか予断を許さない状況にある。既に、自民党政権下の2013年4月に電力システム改革方針が閣議決定される際に、2018～2020年とされている「当該制度の実施時期を見直す」可能性が言及され改革案の表現が弱められるなど、電力会社側の圧力が顕在化している。

ただし、実際の事業で重要なのは、会計分離、法的分離、所有権分離といった分離の形態ではなく、いかに中立性が実現されるかどうかだ。アメリカのように送電部門を法的分離することなく独立した機関が運営を担うことで中立性を維持しているケースもある。形よりも実を重視して運営方法のアイデアを出すことが求められる。

ポイント5

東電改革が電力システム改革をリードする

2012年5月に策定された総合特別事業計画によれば、東京電力はカンパニー制の導入により、「燃料・火力部門」「送配電部門」「小売部門」を分社化する持株会社制への移行を検討し、「送電部門の中立化・透明化を進める」との方針が打ち出されている。ここで描かれているのは、まさに発送電分離を含む電力システム改革後の電力会社の姿そのものである。重要なのは、東京電力の改革が政府の進める電力システム改革より一足早いスケジュールで進められること、福島第一原子力発電所の事故の賠償から始まる総合特別事業計画のコミットメントのレベルが極めて高いことである。福島第一原子力発電所の損害賠償額は時間を経るに従って拡大する可能性が高い。事故対応の帰趨によっては、総合特別事業計画より一層踏み込んだ改革が示される可能性すらある。

2020年に向けて、東京電力は限られた投資余力と事業資源を送配電運営と需要家サービスに集中していくと考えられる。それは多くの企業が進めるスマートグリッド関連の事業を後押しし、外部から発電所への投資を呼び込み、発電コストを低減させることになる。東京電力が経営改革を進めれば、発送電の法的分離がたとえ実現できなくても、日本経済の中心である東京電力管内で送電線の公道化と競争市場がかなりのレベルで進むことになる。そこで経済・産業面で成果が上がれば、他の地域も本格的な改革に追随せざるを得なくなる。

ポイント6

日本に必要なのは「タテ」と「ヨコ」の自由化である

大規模発電所から大小様々の需要家に電力を送る「タテ」方向（発電所から需要家への電力のタテの流れをイメージ）の自由化は、2000年以降、2,000 kW以上の特別高圧、500 kW以上の高圧、50 kW以上の高圧へと進み、2016年に50 kW以下の家庭にまで貫徹されることになった。これにより、要件を備えれば、誰でもあらゆる需要家に対して電力を供給することができるようになる。

こうした「タテの自由化」が日本にとって半世紀ぶりの大改革であることは間違いないが、世界的に見れば、欧米から10年余遅れた周回遅れの改革に過ぎない。電力自由化を日本として成長戦略に結び付けるには世界に先んじた改革案を盛り込まないといけない。そこで必要になるのが、需要家同士で電力を自由に融通できる「ヨコの自由化」である。

1964年にできた現行の電気事業法は需要家と供給者が1対1の関係で電力需給契約を取り交わすことを前提としている。しかし、分散電源の性能が上がった現在、需要家は単に電気の利用者であるだけでなく供給者にもなりつつある。また、ITは1960年代には想像もできなかったほど発達し、需要サイドでも電力の需給調整が技術的に可能となった。こうした需要家を電気事業の中にしっかりと位置づけ、需要家間の電力を融通できる環境を作ることが大切である。

「ヨコの自由化」を進めれば、エネルギー分野だけでなく、自動車、住宅、電機、ITなどの分野の企業を巻き込み、エネルギーネットワークを軸としたビジネスのプラットフォームが創出される。日本はエネル

図表3-1　タテとヨコの自由化の考え方

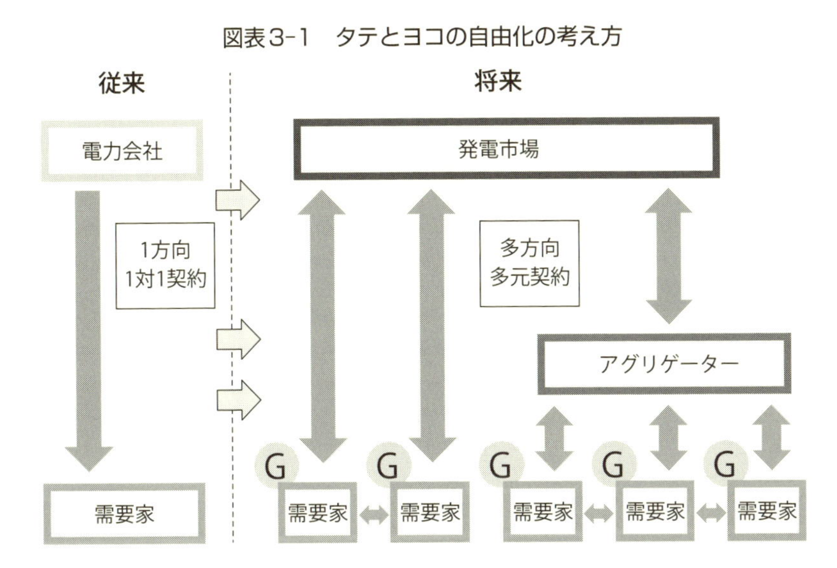

ギー分野の技術について国際的に高い評価を得てきたが、新興国の台頭などにより近年その地位が揺らぎつつある。「ヨコの自由化」を進めれば、日本で世界に先駆けて次世代のエネルギー市場を創ることができる(**図表3-1**)。他国に先んじた規制緩和こそが日本の成長戦略となるのである。

2

2年間の動き

2013年から2015年初頭までの2年間、電力自由化の取り組みは着実に進んできた。以下、上述した6つのポイントについて、この2年間の出来事をまとめてみよう。

ポイント1

電力小売全面自由化は政権交代でも停滞しない

民主党政権下で成立した電力システム改革関連の法律は、再生可能エネルギー特別措置法（固定価格買取制度）、省エネ法改正（電力ピーク抑制の推進）、電気事業法上の運用見直し（分散型・グリーン売電市場開設）などとして、震災で明らかになった電力システムの欠陥を補うべく逐次打ち出された。しかし、法律どおりに改革が進むかどうかは、電力システム改革を構成する多くの個別法に委ねられている。東日本大震災後は、民主党政権下だからこそ電力システム改革に向けた合意が形成された、との認識もあり、2012年末の政権交代で改革が減速することが懸念された。しかし、2013年5月、自民党政権は民主党時代に骨格が作られた電力小売全面自由化を含む改革の方針を閣議決定し、改革継続の路線は確定した。

もちろん、自民党政権でも電力システム改革が必要との認識はあっただろうが、原子力発電所の再稼働を実現するためには改革を停滞することはできない、との考えもあったと思われる。2014年6月には家庭向けを含めた電力小売の全面自由化を徹底する改正電気事業法が成立し、電力小売り全面自由化は確実に実行されることになった。自民党政権下で為替が円安方向に移行し化石燃料のコストが上がり、電力全面自由化による競争で電気料金を低減させる必要はますます強まっている。

加えて2013年11月にはガスシステム改革がスタートした。東日本大震災以降、電力システム改革の議論でも、エネルギー供給構造を効率化させるためには、電力、ガスの垣根を超えた総合エネルギー化が必要と指摘されてきた。ガスシステム改革には「(電力とガスという) エネルギー間の相互参入を可能とする」との目的がある。今回の電力自由化は電力業界の枠を超えて総合エネルギー企業の誕生を目指すことになったのである。小売全面自由化を受け入れた電力会社は、当然のことながら、自らの市場を開放した見返りに、ガス市場の開放を求める。実際、ガスシステム改革の議論は電力システム改革より僅かに遅れるペースで進んでいる。過去、電力自由化とガス自由化は、自由化範囲の拡大が1年以内の差で進められてきた経緯を踏まえると、電力自由化に1年程度遅れて家庭向けを含めたガス小売の全面自由化が実現されると考えられる。既に、市場ではエネルギー間の垣根を取り払われる市場を見据えた事業展開の準備が進んでいる。

ポイント2
自由化の成否は電力会社間の競争と新規参入者がどこまで力を持てるかに掛かっている

自由化路線が決定的となったことで、管内を超えた電力会社の動きが盛んだ。2013年10月、中部電力が三菱商事の子会社ダイヤモンドパワーの株式を80%取得し首都圏での電力小売事業に参入したことがきっかけとなった。関西電力も100%子会社の関電エネルギーソリューションをPPS登録し、2014年4月、首都圏での電力小売に参入した。同じく2014年4月に、中国電力がJFEエンジニアリングと首都圏に石炭火力発電所を建設すると報じられた。九州電力も、2014年9月に東京ガスや出光興産と千葉県に200万kWの石炭火力発電所を建設し、首都圏での電力供給を行うことを表明した。

いずれも首都圏での発電所の再整備の動きと連動している。経済産業省が東京電力改革で進める首都圏の供給力確保の方針が起点となり、大義を得た各社が最も魅力的な首都圏市場へ大挙して押し寄せたことになる。一方、首都圏以外への事業拡大をもくろむ東京電力も100%子会社のテプコカスタマーサービスを設立し、関西・中部電力エリアでの電力小売を開始した。東電改革をきっかけに、人口が集中する首都圏、関西圏、中部圏を中心に電力会社の地域を越えた競争が始まりつつある。

無くなる電力とガスの垣根

電力とガスの垣根をまたいだ競争も始まった。2014年10月、東京電力と中部電力はLNGの共同調達と発電所の新設のための共同出資会社の設立などで合意した。世界最大のLNG調達力を持つ共同事業の誕生はエネルギー業界に衝撃を与えた。東京ガスは直後に韓国ガス公社とのLNG調達に関する提携の方針を打ち上げ、関西電力とのLNG共同調達などのための提携交渉があったともされる。

LNG調達の1位、2位（東京電力、中部電力）の提携により、電力とガスの間の境界は実質的になくなったと言える。東京電力陣営には大阪ガスが加わるとの報道もあり、地域の垣根もなくなりつつある。ガス発電のコストの8割を占めるLNG調達では規模の経済が働く。2社で日本のLNG調達量の4割以上を占める東京電力と中部電力の提携は電力、ガス両業界を取り込んだ再編に衝撃的な影響を与えることは間違いない。今後は、特に、両陣営に地理的に関係の深いガス会社の動きが注目される。

ガス会社も電力小売事業参入で対抗する。2014年6月には静岡ガス、10月には北海道ガス、12月には西部ガスが電力小売事業への参入を表明した。ただし電力会社に比べ事業規模が圧倒的に小さくLNGの調達力でも劣後するため、電力会社との差別化戦略、あるいはアライアンス戦略が不可欠となる。

先行する既自由化市場での競争

全面自由化を待たず、既に自由化されている50 kW以上の市場への新規参入が盛んだ。2015年3月31日時点までに、実に651のPPSが登録された。多くは固定価格買取制度により急増したメガソーラーを電源とする電力小売を見込んだ事業者だ。しかし、電力事業では低コストで安定したベース電源が不可欠なため、競争力を持つにはまだまだ工夫が必要だ。

既存PPSでも、家庭向け小口市場への参入意向を示している企業があるが、電力会社とガス会社の巨大な提携が進む中で取り残されないためには、独自の戦略が必要となる。東京ガスや大阪ガスとPPSのさきがけであるエネットを運営してきたNTTグループですら、新たな戦略が求めることに変わりはあるまい。

一方で、ソフトバンク、JCOMなどは電力と通信のセット販売による顧客囲い込みを狙う。また、ワタミはグループの外食店や工場に電力を販売するというポジションを取る。他商品との組み合わせによる小売や基幹事業の顧客に電力を供給する、といった新たなモデルが登場していることが今回の自由化の特徴だ。手間の掛かる小売で顧客を獲得するために、安さだけに頼るのではなく、囲い込みの構造をいかに作るかが重要になる。

自由化への認識が浸透するにつれ、PPSは財政難の自治体や電力料金の値上げに苦しむ中小企業などを中心にシェアを伸ばしている。PPSの課題は、発電コストの低い石炭火力発電や水力発電などのベース電源をいかに確保できるかである。過去の自由化では原子力発電、水力発電を独占する電力会社に対し、環境規制による石炭火力発電の事実上の新設禁止もあり、PPSは発電コストの低いベース電源を持つことができなかった。電力会社の電力供給力に対抗できたのは、石炭調達力のある製鉄会社や商社、NTTファシリティーズ・東京ガス・大阪ガスが出資し低コストの天然ガスを利用できるエネットぐらいであった。今回の自由化でも、PPSが電力会社に対抗するためには、国が事実上の解禁を決めた石炭火力発電からどれだけ電力を調達できるかが問われる。

ポイント3
自由化の推進には卸電力市場の強化が必要である

PPSが電力会社と対抗するためには、自由に電力を調達できる卸市場の存在は不可欠である。電力システム改革専門委員会報告書では、卸電力取引所でベース電源を取引する先渡市場の必要性も指摘されている。現状の電源の所有状況を見れば、卸電力取引所が拡大するか否かは、電力会社の電源をどれだけ取り込めるかに掛かっている。しかしながら、2013年4月に閣議決定された電力システム改革の方針に制度的な明示がない卸電力市場改革は停滞しているのが実情だ。

卸電力市場は、①卸電気事業者（J-POWER、日本原子力発電）とIPP（公営電力を含む卸供給事業者）による電力会社向けの電力供給、②自家発電の余剰電力買取、③電力会社間の電力融通、④電力会社によるPPSの常時バックアップ制度、から成る相対取引と⑤卸電力取引所（JEPX）による取引所取引に分類される（**図表3-2**）。

自由化市場で期待されるのは①の独立系電源のPPSへの開放だ。PPSが24時間365日電力供給を受けて事業が成り立つためには、発電コストの低い石炭火力、水力、原子力などのベース電源が必要となる。これらの電力のPPSへの開放が必要となるのだ。具体的には卸電力市場の約3分の2を占めるJ-POWER、公営電力（水力発電が中心）、IPPによる電力会社向け電力がPPSに実態として供給されることだ。原子力発電所が停止し、電力会社の供給力の確保が優先される中で卸売市場の構造に変わりはないが、県の企業局が運営する公営電力が電力会社との契約を解消するなどの変化は期待できる。ただし、これだけでは卸売市場の電

図表3-2　卸電力市場の取引量

		電力会社向け	PPS向け	合　計	
				量	割合（%）
相対取引	①卸電気事業者・IPP	1,581	—	1,581	65
	②電力会社間の電力融通	276	—	276	11
	③自家発余剰電力	342	183	525	21
	④常時バックアップ	—	38	38	2
取引所取引	⑤卸電力取引所	32	－4	28	1
合　計	量	2,231	217	2,448	100
	割合	91%	9%	100%	—

注：統計情報上分類できないため①のPPS向けは③のPPS向けに含める。卸電力取引所は取引所からの調達と販売の差
出典：経済産業省「卸電力市場改革について」より作成

力不足を賄うことはできない。

電力会社の電源に依存する卸電力市場

現状、卸売市場の供給力不足を補完しているのが、④の常時バックアップ（電力会社がPPSのベース電源を補完する電力供給制度）である。2013年度から、PPSは毎月の基本料金を高めにし、利用量に応じた従量料金を低くする常時バックアップを電力会社から受けられるようになった。場合によっては、販売する電力の3割程度まで常時バックアップで調達することもできる。ただし、常時バックアップはあくまで電源ポートフォリオの確立していないPPSが電力会社に電力を補完してもらう制度であり、それを利用して電力会社の対抗勢力になることは考えられない。本格的な市場競争のためには、卸電力取引所の活性化に

取り組まざるをえない。

それには電力会社の持つ電源を卸売市場に引き込むことが必要だ。しかし、電力会社の電源からの他社への電力供給は電力会社の自主的な判断に任されている。欧州のように電力会社に卸市場に一定割合の電力を供給する義務を課すことも考えられるが、原子力発電所が停止し電力会社の供給力と収益力に不安のある現状では電力会社に更なる負担を強いることは望みにくい。原子力発電の再稼働の道筋と卸電力市場で安価なベース電源を調達できないことが電力システム改革の障害になることが明らかになるまで、卸売市場を充実させるための具体的な制度改革は先送りされる可能性がある。

ポイント4

広域系統運用と発送電分離を実現できるか

「広域系統運用」については、2013年4月の閣議決定を受け、2013年11月に広域機関（広域的運営推進機関）の設立を規定した改正電気事業法が成立した。2014年1月に準備組合（広域的運営推進機関設立準備組合）を設立し、2014年8月には経済産業大臣から設立認可が下るなど、2015年4月の設立に向けた組織づくりが順調に進んでいる。ただし、地域をまたいだ電力会社同士の競争や再生可能エネルギーの接続を円滑に進める広域的な運用機関の実現に電力会社がどこまで積極的に協力するかが不透明とされる。送電運用のノウハウを独占する電力会社の送配電部門が主導する中で、いかに中立性のあるガバナンスを作れるかが鍵となる。広域機関の理事長には原子力損害賠償支援機構の運営委員も務め、エネルギー業界の利害関係に属さない政策研究大学院大学金本副学長が就任したことには一定の期待が持てる。

「発送電分離」については、2015年3月3日の閣議で2020年に実行することが決定された。電力会社の抵抗により実現されないのではないかとの声もあったが、岩盤規制の撤廃という第三の矢が求められる中、反対論は押し切られた。電力会社は2018～2020年とされていた実施時期を最も遅い2020年とすることで妥協を図った形だ。

今後の動向から目が離せない広域系統運用と発送電分離だが、東京電力のパワーグリッドカンパニーは、将来のホールディング会社下での分社化を視野に、全国1位の託送原価、広域運用の拡大、海外事業の実施、東西連系の強化、スマートメーターの導入完了といった目標を掲げた。自立的な組織となり、独立したミッションを掲げたことで成長意欲を高めていく可能性もある。欧州の送電会社では海外進出も含めた広域運用機能の拡大戦略が盛んだ。日本の送配電部門に同様の意識が芽生えれば、送電部門は連系線の建設を含めた広域運用へのシフト、送配電部門も分散型エネルギーシステムを含めたスマートシティ化に舵を切ることで成長を図るとともに、発電部門や小売部門の意向に縛られない独立した送配電事業を追及することが可能になる。

ポイント5

東電改革が電力システム改革をリードする

2012年に策定された総合特別事業計画では東京電力の経営体制の刷新と福島第一原子力発電所の事故の被災地の復興に最大の力点が置かれた。国が出資する原子力損害賠償機構は東京電力の株式の過半を保有して実質国有化し、東京電力は国が送り込んだ経営陣と同機構が運営する経営監視委員会の指導の下に置かれた。国は5兆円に及ぶ交付国債枠を用意し、電力料金についても、この間8.46%の値上げを認め、金融機関にも新規融資や借り換えを求めた。東京電力の側でも経営陣を刷新し、10年間で3兆円を超える合理化、資産売却、給与カット、などの厳しいリストラを進めた。同時に、福島復興本社を設立し被災地の対応にも全力が挙げられた。

しかしながら、こうした官民総出による建て直しでも、福島第一原子力発電所の事故の賠償と東京電力の経営立て直しに十分とは言えない。被害者の賠償額だけでも5兆円の国債枠を超える見込みとなった上、除染や中間貯蔵についても兆単位の資金を要することとなった。さらに、現地では汚染水対策、原子炉の廃炉での試行錯誤が続き、今後負担がどこまで拡大するのか見通せないところがある。

一方で、電力自由化の方向が決まり、電力市場に多くの企業が参入を開始している中、東京電力が競争市場で成長するための体制づくりが十分であったとは言えない。福島復興の源泉は東京電力の健全な事業運営であること、日本経済の中心である東京圏の電力の多くを支えるのは自由化後も東京電力であること、新興国のインフラ市場でも有力な電力会社の活躍が必須であること、から東京電力の競争力の強化は日本にとって重要な課題であるはずだ。

「責任と競争」を掲げた改革への期待

2014年1月に公表された新・総合特別事業計画は、現段階で、上述した観点に応える内容になっていると思える。電力市場に関する点だけを指摘すると、最も重要なのは「責任と競争の両立」とのポリシーが掲げられ、持ち株会社制が導入されたことである。特に、持ち株会社に原子力発電、復興事業、廃炉など、国と東京電力が責任をもって対処しなくてはならない事業が取り込まれ、その下に小売、送配電、燃料・火力の会社が置かれた点が注目される。持ち株会社の下で、各社が各分野で競争力を発揮すれば「責任と競争」の源泉となり得る可能性が十分にある。

そうした姿勢が垣間見えたのが中部電力との提携と言える。東京電力は2014年初頭から中部電力、関西電力、東京ガス、大阪ガス、JXとの提携を模索していたとされる。一時は、有力視されていた東京ガスはガス製造設備も含めた共同出資会社への移管などのガス事業への影響の大きさを懸念して交渉から降りたとされ、9月に中部電力との提携が決まった。従来から火力発電の競争力には定評があり、東京電力に次ぐLNGの調達事業者である中部電力との提携は電力、ガスはもとよりエネルギー業界に衝撃を与えた。今後のエネルギー市場をリードする巨人の誕生につながる可能性が十分にある。かつての協調路線とは一線を画すカードを切って競争力強化の道を選択した姿勢が他の事業分野にも波及すれば、東京電力と東京電力管内は電力の枠を超えたエネルギーの競争市場の中心になるだろう。

ポイント6
日本の成長戦略に必要なのは「タテ」と「ヨコ」の2つの自由化である

政策サイドは現状「タテの自由化」の完遂に注力しており、業界もその動向に注目している。改革の完遂には、家庭用スマートメーターの設置などシステム面の整備を早期に済ませ、需要家が電力会社を自由に選択、乗り換えられる環境を創り出すことが必須である。また、スマートメーターのデータを需要家の所有として、電力会社以外の事業者が需要家の許可を得て需要データを使えるようにすれば、需要家向けの新たなサービスも生まれる。

一方、「ヨコの自由化」を支える制度はいまだ将来的な課題だ。大規模集中型のエネルギーシステムを前提に作られた現行の電気事業法の上で「ヨコの自由化」を実現するには系統と分散型電源を協調させる制度と仕組みづくりが必要になる。現状でも、燃料電池などの自己電源に蓄電池を組み合わせることを条件にコミュニティで電力を融通できるような要件緩和が行われている。ただし、一方向的な供給責任に基づく従来からの考えがいまだ根強く、需要家と供給者が一体となった相互信頼に基づく需給調整を実現するための柔軟な制度の実現は見えていない。また、地方創生の流れが強まる中で、地域でエネルギー会社を立ち上げようとする動きも相次ぐが、地域内での自営線や熱配管の整備を阻む規制緩和などはこれからだ。規制緩和はまだまだ「タテ」の論理の枠から出ていない。

ドイツでは配電会社が通信と連携したスマートな配電ネットワークの形成に積極的である。発送電分離に伴い積極的な事業展開を仕掛ける地域の電力会社の配電部門が「ヨコの自由化」の担い手となれば、新たな事業基盤が生まれる。行政、電力会社が「ヨコの論理」を受け入れるようになれば、電力システムとエネルギービジネスに新たな成長の機会が見えて来るはずだ。

3

新たな寡占市場の誕生

見えてきた2020年の新ベース電源

東日本大震災から5年目を迎えて、電力の供給構造は大きく変わろうとしている。第1章で述べたように、原子力発電は川内原子力発電所の再稼働を契機に順次復帰が進み、2,000万kW程度の設備容量を確保できるだろう。2020年に向けてもう1つ注目されるのは石炭火力の充実だ。

原発停止に伴うベース電源の不足でLNG火力に依存し過ぎたため、電気料金の上昇による国民負担の増加と、LNGの輸入拡大による国費の流出を招くことになった。政府は事態を打開するため、2006年に当時の小池環境大臣の発言に端を発する実質的な規制強化により凍結状態にあった石炭火力発電所の建設を解禁した。

以降、コスト競争力のある石炭火力は多くの投資資金を引き付けている。東京電力の108万kWの福島県（いわき市と広野町）の火力発電所、中部電力の100万kWの武豊発電所、関西電力・神戸製鋼所の122万kwの発電所、九州電力・出光興産・東京ガスの千葉県市原市の200万kWの発電所など電力会社を中心とした企業連合による石炭火力発電所の計画が進んでいる。この他にも、環境アセスの必要のない11万kW以下の発電所などの計画が進んでいるとされるから、追加される石炭火力発電の規模は1,000万kWを優に超えることになろう。

後述するように、再稼働が順調に行けば、廃炉ないしは再稼働が困難な原子力発電所の規模は数百万kWにとどまるので、石炭火力はマイナス分を十分に補完することができる。電力会社はコスト競争力のある原子力発電と石炭火力の稼働率が最も高くなるように発電所を運営するようになるから、2020年頃には、原子力と石炭火力による「新ベース電源」が出来上がっているだろう。

競争基盤となる「新ベース電源」

「新ベース電源」の誕生により、東日本大震災以来高騰してきた電力料金は、再生可能エネルギーの賦課金を除けば、東日本大震災以前のレベルに近づくはずだ。それは、電力料金の高騰に苦しんできた企業や国民にとって朗報であるが、電力市場への新規参入者にとって大きな脅威となる。「新ベース電源」は電力会社ないしは電力会社と付き合いの深いJ-POWER、重厚長大系といった企業が所有することになるからだ。

新規参入者が「新ベース電源」に食い込むのは難しい。まず、原子力発電を新規参入者が手掛けるのは考えられない。石炭火力についても、大型発電所については許認可が必要な上、建設単価が高く投資負担が大きい。石炭火力のための技術者を確保するのも容易ではない。

前述したように、原子力発電のシェアは福島関連、中型老朽化設備、

図表3-3 「新ベース電源」の行方

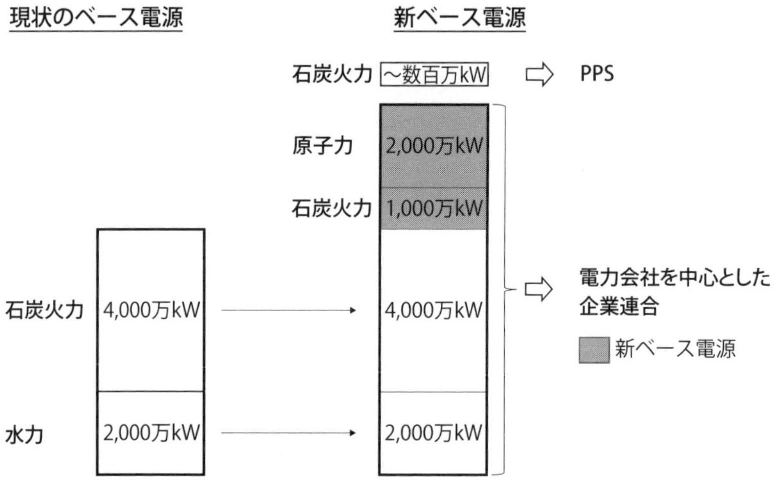

現状のベース電源　新ベース電源

石炭火力 ～数百万kW ⇨ PPS

原子力 2,000万kW

石炭火力 1,000万kW

石炭火力 4,000万kW → 4,000万kW ⇨ 電力会社を中心とした企業連合

水力 2,000万kW → 2,000万kW

■ 新ベース電源

注：数値は概算

活断層関連などを除くと、65%稼働でも発電量シェアで20%程度に達する。東日本大震災前の実績に最近の発電所の新設を考えると、石炭火力のシェアは30%前後になると考えられるので、「新ベース電源」の発電量のシェアは50%前後に達する可能性がある。これが電力会社を中心とした企業連合に集中すれば、市場での優位性は圧倒的なものになる（**図表3-3**）。

こうして電力会社と国内外でエネルギー事業に実績を持つ事業者に「新ベース電源」を押さえられた上、ミドル電源についても、電力会社が市場で価格を主導することになる。東京電力と中部電力がLNG調達・火力発電所建設で提携し、関西電力と東京ガスの提携が囁かれるなど、電力会社を核にした企業連合がLNG調達の圧倒的な地域を構築しつつあるからだ。

ミドル・ピーク電源でも有利に立つ電力会社

PPSは基本的に電力の小売を行う会社である。自ら発電所を所有することはあるが、LNGなどの燃料は外部から購入するのが一般的だ。自ら海外に出向いてLNGを調達することもできるが、調達規模の小さい事業者には高くつくことになる。結果として、発電単価を抑えるために調達力の高い事業者からLNGを買うことになる。その最も競争力のある調達先が、新規参入者が戦わなくてはならない電力会社勢になるのである。燃料コストが8割にもなる火力発電事業で、建設費や維持管理をいくら削減しても燃料調達力の差を挽回することはできない。ミドル電源についても、PPSのコストが電力会社連合のコストを下回ることは考えにくいのである。

したがって、PPSはピーク電源に活路を見い出さざるを得なくなる。ここで勝機を見い出せるか否かの鍵を握るのが需給バランスの能力だ。電力システムは同時刻で需要と供給が完全に一致する必要があるため、PPSは自己責任で30分単位の需要量と供給量を一致させなければならない（30分同時同量の原則）。そのために確保されるのがピーク電源、調整電源と呼ばれる電源で、水力、LNG火力、石油火力などが使われる。需給調整はPPSでも可能だが、需給調整の規模が大きくなるほど「ならし効果」が働くため、ここでも事業規模の大きい電力会社勢が有利になる。

ピーク電源でPPSが電力会社に対抗するためには、仲間同士で融通をする仕組みを作ったり（バランシンググループと呼ばれる）、卸市場に頼ったりすることも理論的には可能だ。しかし、PPSの発電量のシェアが3%を超えた程度で、どこまで信頼性の高い卸市場やバランシンググループが形成されるか疑問を呈せざるを得ない。卸市場にしても発電電力量に占めるシェアは僅か1%しかない。全面自由化が始まってPPSが卸市場に殺到すれば、割高な電力を買わざるを得なくなる可能性もある。冷静に考えれば、卸市場を頼りに事業投資を行うのは難しい。結果として、多くのPPSが電力会社による補完制度（インバランス制度など）に頼ることになろう。

こうして考えると、ベース、ミドル、ピークの電源が電力会社勢の支配力ないしは強い影響力の下に置かれることなる。PPSが優位に立てる可能性があるのは、原子力発電の再稼働が不十分で、効率の低い老朽火力を稼働させなくはならない、当面数年程度に限られるだろう。中期的に見れば、日本でもドイツなどで起こったように電気事業者の集約化の道をたどる可能性が高い。それを防ぐためには、電力会社の競争力を制約する制度づくりが欠かせないが、強い事業者が勢力を拡大するのが市場の常であることを踏まえれば、過度の制約は市場をゆがめることにもつながる。

三極化する新興勢力

電力会社が市場支配力を強める一方で、既存のPPSである丸紅、オリックスが事業を拡大し、ソフトバンク、大和ハウスなど新規参入が相次ぐ。PPSは2015年3月31日時点で651社に達しており、今後の競争市場の一角となり得ることが期待されている。ただし、全てのPPSが同じビジネスモデルの事業を目指している訳ではない。PPSは参入企業の事業特性に由来する特徴を持っているのだ。

PPSは大きく3つ形態に分けることができる。すなわち、電力会社による供給支配の影響を直接受ける「供給型」、新たなポジションが期待される「需要型」、そして再生可能エネルギーの電力を用いる「再生可能エネルギー型」である（**図表3-4**）。

「供給型」のPPSは基本的に電力会社と同様の事業形態を取っており、石炭やLNGの火力発電所を建設し、自己保有電源を充実させることが競争力の源泉となる。ここで期待されるのが、新日鐵住金、日本製紙など、石炭などの燃料調達力に強みを持つ企業である。素材や燃料を販売する企業は本業と連携した燃料調達、発電所建設用地、周辺インフラの強みを生かした事業が可能だからだ。一方で、NTTファシリティーズ、東京ガス、大阪ガスが出資するPPSの老舗エネットは、ガスの調達力による競争力が期待できる。

「需要型」のPPSは、顧客サイドに立って、顧客の求める条件の電力

図表3-4　PPSの分類

	特　徴	参入企業例
供給型	• 自己保有電源による供給力	新日鐵住金、日本製紙
需要型	• 顧客向け付加価値サービス	ソフトバンク、KDDI
再生可能エネルギー型	• 再生可能エネルギーの調達能力	中之条電力、日本ロジテック協同組合

を提供する。ここで鍵を握るのは顧客の囲い込みと本業との相乗効果だ。大和ハウスは岐阜県飛騨市で水力発電を手掛けるなどして、できるだけ安価な電力と再生可能エネルギーを供給することで住宅事業と一体となった付加価値の創出を目指している。ソフトバンクは通信サービスと電力のセット販売を狙っているとされ、KDDIはグループ会社のJCOMを通して、既に一括高圧受電や高圧受電のマンション向けにケーブルTVとのセット販売を始めている。また、インターネット通販などを手掛ける事業者は、小売チャネルの強みを生かして電力サービスとしての付加価値を高めるビジネスモデルを視野に入れている。楽天は省エネの電力マネジメントサービスなどにより顧客接点の強化を狙っているとされる。

全面自由化で解放されるのは、消費者向けのB to C市場だ。ここでの電力小売では、既に自由化されているB to B市場よりも顧客マネジメント能力がモノをいう。魅力ある商品やサービスで顧客を囲い込む事業基盤を培ってきたB to C系の事業者が強みを発揮すれば、エネルギービジネスに新たな価値が生まれる。

「再生可能エネルギー型」のPPSは、固定価格買取制度以来急増したメガソーラーを用いて発電から小売まで一貫した事業の立ち上げを目指すはずだ。このビジネスの成立要因は固定価格買取制度で認められた低い卸電力価格にある。環境付加価値を国民全体で負担する一方で、電気事業者はベース電源に近い卸電力価格で再生可能エネルギーの電力を買い取ることができる。メガソーラーは昼間しか発電せず、天候に左右され、絶対量も火力発電所などに比べ限られた電源だが、制度的に設定された電力コストにより競争力のある電源に祭り上げられているのだ。ただし、卸電力価格はPPSによる取り合いで上昇傾向にあり、こうしたメリットは徐々に崩れていく可能性が高い。

淘汰されるPPSと生き残るPPS

以上から、自由化の中で生き残るPPSと淘汰されるPPSが見えてくる。

まず、「供給型」PPSは特段の競争力がない限り、厳しい状況に追い込まれる可能性が高い。規模の経済が競争力の源泉となる市場で、同じビジネスモデルの巨大な電力会社に対抗するのは容易でない。従来から自家発電用の大型電源を持つ重厚長大系の企業など明確な競争力のある企業を除くと、一層巨大化する傾向にある電力会社連合の傘下となる可能性もある。

電力事業は様々な需要を持つ顧客に合わせるため、ベース電源、ミドル電源、ピーク電源をバランスよく保有することが必要となる。その中でも、ベース電源を24時間365日安定的に低コストで確保できるかどうかが収益の鍵を握る。上述したように、電力市場全体は電力会社が持つベース電源に依存せざるを得ない構造にある。それを避けるためには、公営電力（都道府県の企業局）の水力発電を優先的に使える、あるいは、本業で石炭を扱い電力会社と同等ないしはそれ以下の価格で石炭を調達できる、などの特殊な状況が必要になる。

「需要型」PPSの中には新たなビジネスを立ち上げる企業も出てくるだろう。B to C向けの市場では、消費者向けの付加価値サービスを生み出せる商品パッケージを開発できれば、単に電力を供給するだけでなく、生活サービスの一環として電力を供給したり、省エネサービスを提供することができる。「需要型」のPPSの強みは供給過剰の市場構造を利用して、顧客の需要形態に合った特定の事業者や卸市場から調達できることだ。優良な小口顧客を獲得していれば電力会社やPPSも手を組みたいと思うはずだ。「需要型」PPSは自由化後の市場動向を占う上で目が離せない存在になる。

メガソーラーをベースとした「再生可能エネルギー型」PPSは頭打ち

になる可能性がある。低い水準に設定されていたメガソーラーからの卸電力価格は、今後参入者が増えるに従い上昇傾向となるはずだ。再生可能エネルギーの電気を支持する顧客が増えているのは確かだが、顧客に電力を供給するにはベース電源やピーク電源を調達しなくてはならない。ベース電源とミドル電源を電力会社に依存し、再生可能エネルギーの販売額が漸減すれば収益性は低下傾向とならざるを得ない。

第2章で述べたように政策的にメガソーラーに再度追い風が吹くことは考えられない。一方で、制度的に一定の利益は確保できるから、事業としての評価が高いうちに身売りするケースも出てこよう。再生可能エネルギーの政策は、メガソーラー偏重が見直され、再生可能エネルギーの本来の利用方法である地産池消が重視される方向にある。今後は、雇用を生み出し、地域から評価される再生可能エネルギービジネスに脱皮できるかが問われるのではないか。

限定される取引市場

卸市場で売買される電源の量は当面、限定されざるを得ない。電力小売全面自由化を推進している政策サイドは、電力会社に対抗できるPPSの参入を促したい。そのためには卸市場の活性化が欠かせないのだが、その電源を電力会社に依存せざるを得ないという本質的な矛盾がある。それでも自由化された市場の競争を促すために、電力会社の電源の一定割合を卸市場に提供させたいところだが、電力会社は原子力発電所の停止で厳しい経営状況にある。また、政策サイドは効率の低い電源を駆使しながらも供給責任を果たそうとする電力会社の料金などを監視してきた。コストの低い電力を卸取引市場に強制的に拠出させる制度を採用するのは、これまでの政策姿勢と相いれない面がある。

電力会社に卸電力を供給する卸電気事業者として設立され、国有会社であったJ-POWERも、当面は電力会社向けの電力供給に注力せざるを得ない。結局、電力会社の保有する電源から卸市場への電力拠出を議論できるのは、原子力発電が復帰し電力会社の経営が安定した以降となるだろう。しかし、今はおとなしくしている電力会社も、原子力発電が復帰すれば、以前のような強気の態度を示すようになるだろうから、議論は簡単に進まない。余程の政治力を発揮しない限り、影響力を増した電力会社が身を切るような電源拠出を約束する可能性は低いと考えるべきだ。仮に議論がまとまっても、実際に卸電力市場に電力が供給されるのは、それから何年かしてからだ。早くても数年先の話だろう。

ただし、電力システム改革がとん挫したら政治的にもたなくなるから、電力会社は自らの地位が揺るがない範囲で卸市場にベース電源の電力を供給するような落としどころを狙ってくるだろう。自由化と組み合わさった時、原子力発電停止が電力会社に有利に作用するとすれば、何とも皮肉な巡り合わせだ。

パートⅠ

電力政策の行方

第4章

2020年の電力市場の見方

原子力発電の位置づけ

第1章では、中期的に見た場合、原子力発電は東日本大震災前に近いレベルまで回復する可能性が高いことを述べた。こうした想定にある種の憤りを覚える人は少なくないだろう。しかし、ここまでの取り組みに重大な落ち度があった訳ではない。東日本大震災以来の電力料金の高騰は、改めて資源の無い島国の辛さを実感させた。日本は高度成長の中で日本経済の発展には安定したエネルギー供給体制が不可欠であることを確信し、発電技術、エネルギー資源、省エネ技術など、様々な可能性を模索した。「原子力ムラ」の技術過信や安全神話など反省すべき点は大いにあったが、原子力発電がそのための優れた手段であったことを否定するのはおかしい。

資源がなく、資源国と海を隔てた日本は、将来に向けて原子力発電を維持すべきという理解が必要だ。現代社会は原子力という魅力的だが危険極まりない技術を維持するために十分な知見と技術を持ち合わせていない。だからこそ、慎重に慎重を重ねて維持し、我々より賢いであろう将来世代に原子力の可能性を引き継がなくはならないのである。

人類はエネルギー革命の側面を持つ産業革命を契機に飛躍的に成長した。戦争や格差などの問題も伴ったが、総体として見れば、この150年間で人類の幸福度が増したことは確かである。一方で、産業革命を支えた化石燃料には採掘期限があり、何もしなければ次世紀には現代文明は行き詰ってしまう。再生可能エネルギーは賦存量だけを見れば人類を支えることができるが、そのためには世界的なエネルギーネットワークを作り上げなくてはならない。最大の理由は人口の分布と再生可能エネルギーの分布が異なるからである。

四大文明を見れば分かるように、世界の人口分布は淡水源の分布に依存している。この傾向は今も将来も変わらない。人口が分布している地域の多くは居住、農作物、産業活動などに使われている。天候も安定している。ここで必要なエネルギーを再生可能エネルギーで調達するためには、太陽光発電を行うための広大な土地や安定した大規模風力発電を行うための土地、あるいは大量のエネルギー作物を栽培するための土地が必要になる。これらを国内だけで賄える国は少ないから、再生可能エネルギーを国際的にやりとりするための技術面、政策面でのネットワークが必要になるのだ。技術力はもちろん、高度な国際的な合意形成とリスクマネジメントが必要だ。

地産地消の意味

筆者は長年、エネルギーの地産地消を提唱してきた。広く薄く分布する再生可能エネルギーを効率的に利用するためにはエネルギーの供給元と需要を近接させた方が、エネルギー資源発掘の効率性、エネルギーの利用効率性、エネルギーシステムに関する需要家の意識の向上、などの面で効果があるからだ。ここで間違ってはいけないのは、地産地消のエネルギーシステムは、地域のエネルギー需要を100％地域内の再生可能エネルギーで賄うことを意味している訳でない、ということだ。上述したように人口分布とエネルギー資源の分布が異なるからである。ほとんどの地域では相当な量の化石燃料やバイオ燃料を地域外から供給しないと、地産地消のシステムは成り立たないはずだ。自律にこだわり過ぎた地産地消のエネルギーシステムは、需要家に高いコストかリスクを負わせることになる。

地産地消のシステムを支える地域外のネットワークは安定した社会の基盤になるから様々なリスクに耐え得るように設計しなくてはならない。化石燃料は100年掛かってネットワークを築いてきたが、今でもエネルギーは国際紛争の原因になるなどの問題がある。再生可能エネルギーはまだまだ化石燃料にとって代わることができるかどうか分からないレベルにある。化石燃料の役割を引き継ぐには、技術、経済、政治など、様々な面での実証が必要だ。そのためには、長期にわたる試行錯誤が避けられない。

地球温暖化緩和のための低炭素化の目標は2020年頃を中期、2050年頃を長期として設定されることが多い。しかし、地球温暖化の取り組みの歴史を見れば、こうした目標設定がいかに楽観的かが分かる。1990年に気候変動枠組条約交渉会議が設置されてから、既に35年も経ってしまっているからだ。この間、再生可能エネルギーのコストは桁違いに落ち、世界中に普及した。しかし、二酸化炭素の発生量と資源の消費量は増え続けている。世界的な議論の枠組みを見ても、世界最大の排出国である中国とアメリカがようやく二酸化炭素発生量の総量抑制の議論のテーブルに就いたに過ぎず、新興国、途上国の排出抑制の枠組みは見えていない。実績を見ても、50年という期間は国際的な合意形成にすら長いとは言えないのだ。再生可能エネルギーだけでエネルギーを賄うという主張の背景には、似たような楽観論があるのではないか。

問われる国民の自覚

エネルギーは現在社会の基盤であり、国際的なネットワークづくりは半世紀から一世紀の計だから、エネルギー技術については長い目で開発、維持しなくてはならない。原子力発電は原爆と起源を同じくする技術であり、これまでチェルノブイリや福島での悲惨な事故をはじめ数多くの深刻なトラブルを引き起こしてきたから、世界的な普及に懸念を持つ人が多いのは仕方がない。しかし、理想的な状況を考えれば、突出した性能を持ったエネルギー源でもある。確かに、核燃料サイクルは20年もとん挫したままで、原子力発電の可能性に期待するのは、再生可能エネルギーの国際的な合意形成に期待するのと同じかそれ以上に楽観的であるかも知れない。しかし、理論的に可能である技術を否定する姿勢から未来が開かれることはない。

エネルギーが人類にとって不可欠であるからこそ、原子力発電については冷静で理論的な議論が必要だ。しかし、原子力推進派が閉鎖的で反

図表4-1 「いわゆる三条委員会」の内容

概要	国家行政組織法第三条に基づく委員会。 国家としての意思を決定し、紛争に関わる裁定、あっせん、民間に対する規制等を行う権限を付与。
法文	第三条　国の行政機関の組織は、この法律でこれを定めるものとする。 2　行政組織のため置かれる国の行政機関は、省、委員会及び庁とし、その設置及び廃止は、別に法律の定めるところによる。 3　省は、内閣の統轄の下に行政事務をつかさどる機関として置かれるものとし、委員会及び庁は、省に、その外局として置かれるものとする。 4　第二項の国の行政機関として置かれるものは、別表第一にこれを掲げる。

対派が感情的、という基本的な構図は、残念ながら、東日本大震災をもっても変わらなかった。

程度の差はあれ、原子力発電の維持を受け入れた場合には厳格な技術的管理が欠かせない。問題はその具体的な方法である。体制については、国鉄の民営化でも議論された強い権限と独立性を持つ国家行政組織法第三条に基づく、「いわゆる三条委員会」によるところとし、技術審査については、専門家による徹底した議論を経て2.4兆円もの補修が必要であることを事業者側に受け入れさせるまでの実績を上げた。日本の行政構造上、これ以上の体制と成果を求めるとしたら、特別な制度を作ることが必要になる。今後最も大切になるのは、原子力発電が東日本大震災前のように、政治、行政が業界から過剰な影響を受けないように監視していくことである。国民には、これまでの経緯と日本の現行制度を冷静に見つめた上で、そうした自覚を持つことが求められる（**図表4-1**）。

エネルギー市場への期待

電力、ガスの自由化が新規参入者にビジネスチャンスを生み出すことは間違いない。国内だけでも安定した需要を持つ30兆円の市場は多くの企業にとって魅力的だ。日本がエネルギーシステムについて国際的に見てもトップクラスの実力を持ち、海を渡れば1桁違う成長市場が開けることを考えれば魅力は一層増す。長く続いた独占体制により、発電や送配電の設備の性能は高いのに、日本のエネルギーシステムは決して効率的とは言えない状況にある。電力、ガスの料金は国際的に見ても高い。ここに本格的な競争を持ち込めば、サービスの質と効率が上がり、国民生活、産業活動に資することができる。1995年以来の電力自由化は、限られた範囲での競争であったにも関わらず一定の成果を上げた。今回の自由化では、範囲が格段に広くなっている上、ITなど技術の飛躍的な発展でサービスのバラエティを広げられるから、いろいろな産業分野の企業が技術、ノウハウ、資金を持ち込み、付加価値と効率性を競うことができる。

電力復活の予感

一方で、一部新規参入者や世間は規制緩和された分野の競争の方途を十分に理解していないようにも見える。競争が盛んな市場とは、競争力の高い事業者が競争力の低い事業者を駆逐する市場である。競争が盛んで栄枯盛衰の激しい市場はあるが、いつになっても数多くの企業が競い合っている市場は必ずしも一般的ではない。淘汰は市場の重要な機能の1つであるから、強力な事業者が登場すれば、当該事業者の市場シェアが増えていくのは当然だからである。市場競争を盛んにすることの結果は群雄割拠ではないのだ。規模の経済が働く電力事業ではひとたび強者が出現すると、シェアを増す傾向がある。ドイツでも自由化によって、かつて8つあった電力会社は4社に集約された。

もう1つ重要なのは、規制で縛られていたのは一般企業だけではない、ということだ。電力会社も地域限定、供給責任、料金規制、総括原価方式、などで手足を縛られてきた。自由化とは電力会社がこうしたくびきから解き放たれる機会でもある。自由化が始まれば、当然のことながら電力会社も市場シェアの拡大に力を入れる。

新規参入側が競争市場を誤解してきた背景の1つに福島第一原子力発電所の事故による原子力発電所の停止がある。料金規制が残る一方で、原子力発電所が停止した電力会社の経営は大幅に悪化した。この4年間、電力会社の最大の望みは原子力発電所の再稼働であり、そのために各方面からの批判にも耐え、言動に慎重を期してきた。そして、川内原子力発電所の再稼働が見えてきた昨今、4年間控え目に徹してきた電力会社の態度が変わりつつある、という声が聞かれる。原子力発電所が順次再稼働を果たせば、かつての電力会社の強者の振る舞いが復活する可能性がある。

新規参入側にとって不幸なのは、偶然か、図られたのか、原子力発電所の復活と電力小売全面自由化の時期が一致しそうなことだ。4年間、臥薪嘗胆に伏した電力会社が原子力発電を擁して本気で競争に臨んだ時の競争力は非常に高い。現段階で電力会社のコスト競争力を下げている1つの理由は効率の悪い旧式の発電所を稼働させていることだ。原子力発電所が再稼働すれば、原子力発電のコスト競争力と旧式発電所の停止という二重の理由で競争力が回復する。さらに、信用力を背景に提携先や金融機関を引き付け、効率の低い火力発電所がリプレースされていく。その上、電力会社同士の提携によりLNGの調達力が向上するのだ。中期的に考えれば、同じ発電方式を取っている以上、規模の小さな新規参入者が勝てる可能性は低いと言わざるを得ない。回収に10年を要する新規発電所への投資には慎重な計画が必要だ。

全面自由化元年は電力復活の始まりの年、となるかも知れない。

出来上がる強者軸

電力会社の脅威に備えるためには、近未来の電力市場の構造をイメージしなくてはならない。電力市場の将来を占う上で最も重要なのは、言うまでもなく東京電力と中部電力の提携である。両社の提携は政策サイドが望んだと言われる。大電力と行政の蜜月復活のようにも、自由化により競争市場を創るとの政策に逆行するようにも見えるが、日本の中心である東京のインフラを支えることを考えると、妥当な打ち手とも言える。福島第一原子力発電所の事故で原子力発電の過半を失った東京電力が、火力発電に定評のある中部電力と組むことは電力システムの信頼性にもつながる。市場競争の多寡にかかわらず、東京圏の電力システムを支えるには強力な電力会社があった方が安心感が高いことは確かだ。また、東京電力と中部電力の提携がLNG調達を含めたのも妥当だ。化石燃料の調達力強化は日本の長年の願いであるからだ。

政策の是非は日本にとってのプライオリティの視点から評価しないといけない。上述した動きから伺えるのは、政策にとって「電力は市場である前にインフラである」、ということだ。市場としての活性化はインフラとしての信頼性を前提とする政策姿勢は否定できない。望まれるのは、東京電力と中部電力という強力な強者軸ができたことの恩恵を、例えば、LNGの調達などを通じ、できるだけ広く享受できるようになることだ。

今後の電力市場は東京電力と中部電力の提携という強者軸を中心に回る。東京圏の電力を支えるのにプラスになるとは言え、これだけ強力な軸を作ったことが今後の電力市場に是となるか非となるかは分からない。しかし、他電力やガス会社もこの軸を中心に今後の戦力展開を描かざるを得ない。何しろ、電力需要の半分近くを握り、LNGの圧倒的な調達力を持つ上、首都圏、中京圏という日本経済の中心を基盤としているのだ。特に、大手ガス会社にとっては強者軸と手を組むか、他の勢力と手を組むかが会社の将来を左右する重要な経営判断になる。

地方電力の行方

東京電力と中部電力は日本列島の真ん中で火力発電をLNG調達で競

争力を高めるが、西側では九州電力と関西電力が原子力発電の再稼働によって競争力を高めることになる。一方で、その他の電力会社の動きが聞こえてこない。地方電力の中には電力需要が減少する上、固定価格買取制度で大量の再生可能エネルギーを受け入れるところもある。それに見合った送電線の運営コストが受け入れられる、余った電力を他地域で円滑に販売できる、などがなければ経営は苦しくなろう。その中で、自由化の下での競争に耐えるためには、強者連合との提携を考えるのが合理的だろう。

従来なら、電力業界ならではの予定調和で強者軸と地方電力の関係が形づくられたのかも知れないが、今回はそうはなるまい。最大の軸を構成する東京電力は、事業収益の中から福島第一原子力発電所の事故の収束と周辺地域への賠償のための資金をひねり出さなくてはならない立場にあるからだ。しかも、事故の収束、福島への賠償、経営立て直しという難しい課題を記した総合特別事業計画は公開され、国民へのコミットメントとなっている。東京電力が絶対的な事業資源を持ち電力業界の雄であることに変わりはないが、経営にプラスでなければ地方電力に手を差し伸べることはできないはずだ。

地方の電力システムが強者軸が生まれる競争市場の中でどのように位置づけられるかは、今後の電力市場を占う上で重要なポイントだ。豊富な再生可能エネルギー資源を抱える上、エネルギービジネスは日本経済の重要テーマである地方創生のための重要な切り口でもあるからだ。電力自由化がエネルギー・環境政策や地方政策に整合したものとなって欲しい。

信用力がサービスの決め手

新規参入者の勝機を占う上で重要なのは、ビジネスモデルと競争基盤である。電力会社が抱えてきた市場がやすやすと手に入るとはゆめゆめ思ってはいけない。

ビジネスモデルについては、猫も杓子も、大も小も目指しているが総合エネルギー事業とセットアップ販売である。顧客に対して生活インフラのワンストップサービスを提供する、という点で両者は同じ概念である。電力会社、ガス会社、新規参入者の多くが、電気、ガス、通信、情報サービス、などを束ねた事業を表明している。顧客の側から見るといろいろな企業が似たようなサービスを提案しているように見えるだろう。サービスの内容に大きな違いがなければ、価格と信用力が事業者を選ぶ大きなポイントなるから、電力会社が有利になる可能性が高い。

競争基盤の要となるのは卸市場だが、現状は販売電力量に占めるシェアはようやく1%を超えた程度に過ぎない。卸市場のシェアを高めるためには、欧州で行われているように電力会社が発電量の一定割合を市場に供給することが必要だ。しかし、電力会社が特別な存在で、圧倒的な立場にあることが前提となる制度だし、電力会社も市場の中で競争を強いられる立場にあるから損失を出すような供給はできない。電力会社の対抗軸を作るほどの効果があるかどうかは疑問だ。実現したとしても、電力会社の独占を防ぐためのけん制機能としての役割にとどまるのではないか。

競争基盤整備と新しいビジネスモデルの可能性については、パートⅡで具体的に述べることとする。

汚された再生可能エネルギー市場

再生可能エネルギーについては、方向性の抜本的な見直しが必要だ。

日本の固定価格買取制度は再生可能エネルギー事業の信用を傷付けることになった。海外での例を見ても、固定価格買取制度が整然と運用されるのを望むこと自体に無理があるが、日本の場合は、時期と成り立ちに大きな問題があった。

固定価格買取制度の議論が始まったのは東日本大震災の記憶も真新しい2011年である。この頃、津波による想像を絶する被害と福島第一原子力発電所の事故の被災状況で日本中が悲嘆に暮れ、混乱していた。その中で、再生可能エネルギーの大量導入を錦の御旗に、過度の事業者寄りの制度が出来上がった。国際的に見て遅れていた日本の再生可能エネルギー市場を底上げするために、多くの事業者の参入を促すことは必要だった。しかし、本来、10年、20年の計で図られるべきエネルギーシステムの再構築において、なぜ、3年間の集中導入期間を設定する必要があったのか理解できない。また、欧州の先例を見れば、国際価格の2倍もの買取単価を設定すれば、世界中の資金や事業者がなだれ込んでくるのは誰にでも分かったはずだ。当時、民間事業者からは、高い単価を認めさせるために、割高なコストデータが送り込まれたとされる。それに基づいて算定された単価で発電事業を行えば、過剰な利益が得られるのは当然だ。談合が盛んだった頃の公共事業と同じような構造である。案の定、固定価格買取制度の市場には、1990年頃のバブル経済時代の「土地ころがし」のような輩が参入した。

原子力発電の信頼が地に落ちる中、日本中から再生可能エネルギーへの期待が高まったのだから、政策がそれに応えようとするのは妥当ではある。しかし、固定価格買取制度の割高な買取価格を支えるのは需要家が負担する賦課金である。電力が国民生活に欠かせないことを考えれば、固定価格買取制度の導入は増税と同じことである。したがって、割高な単価や集中的な導入を押し込んだ人達は、千年に一度の悲劇による国民の混乱に乗じて国民に負担を強い、利益を手にしようとしたことになる。

世の中には国民の悲劇や混乱に乗じてでも儲けようと考える事業者がいるし、彼らと意欲的な事業者の間に明確な線を引くのは難しい面もある。しかし、政策サイドがそうした事業者の声にあおられ、国民の混乱する中で事業者優先の制度を作るようなことがあってはならない。これまで再生可能エネルギー普及のために努力されてきた人達に申し訳がない。何より、東日本大震災では2万人近い方々が命を落とされ、今でも福島第一原子力発電所の事故で10万人もの方々が避難生活を余儀なくされているのだ。

一時の勢いで作られた制度で認可された7,000万kWもの割高な太陽光発電は、今後も長い間、国民と電力システムに大きな負担となる。

拘束される再生可能エネルギー市場

ドイツでは2005年に固定価格買取制度の買取価格を引き上げる以前から、風力発電やバイオマス発電のようなコストの低い再生可能エネルギーの導入に力を入れた。そのドイツでも固定価格買取制度に対する批判の声が多い。需要家から見れば負担が大き過ぎる上、電力事業者の経営の圧迫にもつながっているとされる。需要家の電力料金の財布には、ネットの電力料金と再生可能エネルギー導入の賦課金の境はないため、賦課金が需要家のコスト要請を強めているというのだ。

日本の固定価格買取制度で問題なのは、東日本大震災後の電力料金の高騰に匹敵するような負担が生じることを理解している国民が少ないと思われることだ。電力会社の明細書に明記されている賦課金の額を見ていない人も少なくない。事業者よりの買取制度は国民負担の説明が十分に成されない中で作られたのである。消費税であれだけの政治判断があったのだから、政府は固定価格買取制度の負担の実態が多くの国民の知るところとなるのを恐れているのかも知れない。特に、消費税の再増税の前後数年間は国民は負担感に敏感になる。

固定価格買取制度の代替策

こうした状況を考えると、賦課金額が顕著に増えるような固定価格買取制度の運用は避けるはずだ。大型の太陽光発電の買取単価は20円／kWh台まで下げられることになった。ようやく国際レベルに近づいたことで、メガソーラーへの投資は激減することになろう。だからと言って、地熱やバイオマスの買取単価が大幅に引き上げられることにはなら

図表4-2　経済性を考えた再生可能エネルギー導入のプロセス

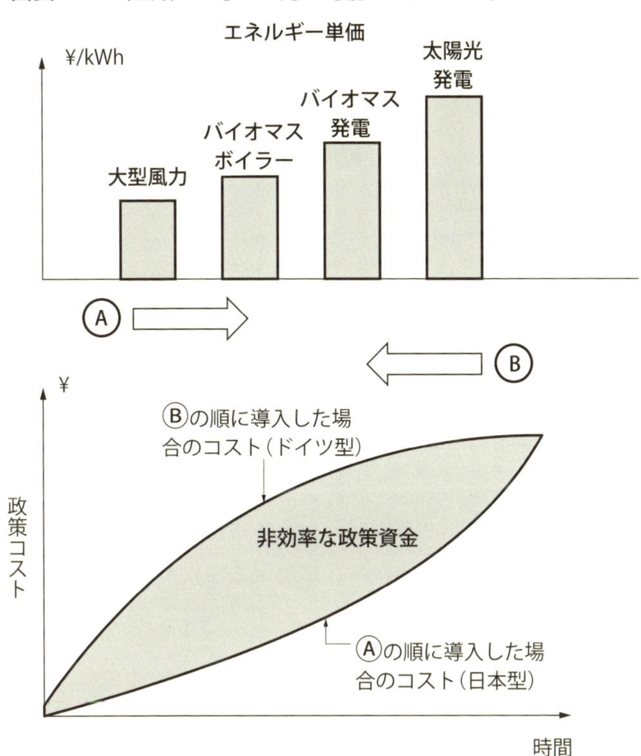

ない。さすがに、メガソーラーバブルを繰り返すような愚は犯せないし、上述したように、目に見える国民負担の増額を避けたいからだ。一方で、地球温暖化問題について国内外に認められる対応を図り、東日本大震災以来の国民の要請に応えるためには、再生可能エネルギーの導入拡大は避けて通れない。こうした条件を満たすには2つの方策が考えられる。

1つは、経済性を重視した再生可能エネルギー電源を優先的に導入することである。再生可能エネルギー政策の王道とも言える取り組みだ。この場合、風力発電、大型の地熱、廃棄物発電のようなコストの安いバイオマス発電、バイオマスの熱利用、などに重点が移ることになる。いずれも、普及にはアセスメント、合意形成、などの手続きが必要になるため、3年間の集中導入のような短期的な考え方を払拭する必要がある。

もう1つは、固定価格買取制度以外の手段による普及促進を図ることである。具体的には固定価格買取制度の単価を抑え、補助金などによる導入策に重心を移す。やや姑息な手段かも知れないが、補助金は税金や特定の会計から賄われるため、国民から負担が見えにくくなる。ただし、その際には、補助金、賦課金を含めた再生可能エネルギー導入に関わる国民の真の負担を算定し、公表すべきである（**図表4-2**）。

固定価格買取制度による負担は早晩多くの国民が意識し、電力料金と同時に賦課金の額を確認するようになるだろう。固定価格買取制度の失敗と欠陥を認識し、同制度が国民の厳しい目に晒される時を想定した政策を打てないと再生可能エネルギー市場は大きな壁に突き当たる可能性がある。

パートⅡ

次世代エネルギー事業者

第5章

2020年代のエネルギー事業

1

クロスボーダー電力事業者

公共化する送配電ビジネス

前著「2020年　電力大再編」では、自由化により電力会社間の垣根が無くなる日本の発電市場はクロスボーダー化すると指摘した。自由化に加え、再生可能エネルギーのシェアが増えることで電力会社のエリア間の電力融通が必須となる上、地域間の電力流通のためのインフラ整備、広域系統運用機関の設立などの環境整備が進む。送配電網が広域に運用されれば、電力会社はエリアに限定されないビジネスを展開せざるを得なくなるので、国内の電力供給市場が全国的な市場となるのは間違いない。

特に、東日本では東京電力改革という強力な推進力、東京電力を中心とした電力会社の提携に向けた素地、再生可能エネルギーの供給地と需要地を結び付けることへのニーズ、などにより構造変革が確実に進む。2015年4月の広域機関（広域的運営推進機関）の設立に先立ち、東京電力では2013年4月に送配電運用を担うパワーグリッド・カンパニーが始動した。加えて、2015年には、東京電力、東北電力、北海道電力、中部電力が送配電事業で提携するとされており、東京電力管内を中心とし電力会社のエリアを超えた電力供給ビジネスが動き出す。東京電力との提携を深める中部電力が送電事業の仕様などを共通化すれば、東西送電網の一体運用にも道が開ける。

このように、国内のクロスボーダー電力事業の基盤整備は着実に進んでいる（**図表5-1**）。

成長する国内の電力供給事業者

欧州では、国際的な送電ネットワークの整備が電力供給事業の投資機会を生み出すと同時に、電力会社間の市場競争を促し、フランスの

図表5-1 クロスボーダーの構造

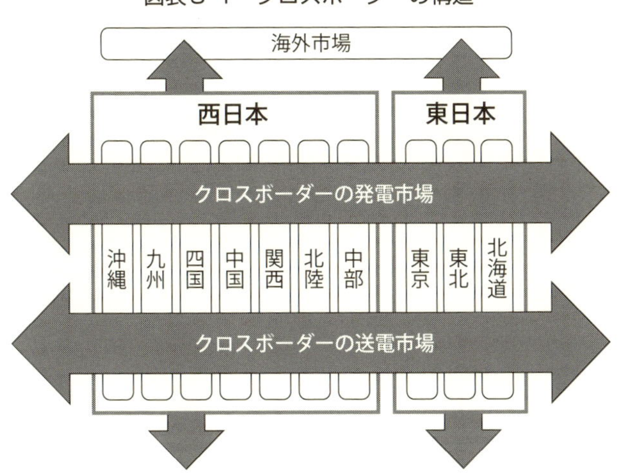

EDFやドイツのE.ONが国境を超える電力供給事業を拡大した。日本でも同様の市場変革が起こる。日本市場は電力需要が年間約1兆kWhと欧州の約3分の1（欧州OECD諸国と比較した場合）に相当する。ここで堅い需要を獲得して勝者となれれば、安定した収益基盤を背景に国際的にも競争力のある電力会社としての地位を手にすることができる。

この2年間、国内ではクロスボーダーの電力供給事業に向けた動きが顕著だ。東京電力は関西や中部エリアで電力供給を始めており、関西電力も首都圏に発電所を建設し電力供給を行うことを表明している。産業用・業務用・家庭用のいずれにおいても需要が集中する首都圏、関西圏、中部圏で本格的な競争が繰り広げられれば、国際的な競争力を持つ企業が誕生することも期待できる。当面、その中心となるのは、新規の火力発電所から既存火力をも提携の視野を広げた東京電力と中部電力の提携だろう。

従来なら電力会社のエリアを超えた競争は予定調和にとどまっただろ

うが、今回の自由化では本気の競争が展開される可能性が高い。1つの理由は、東京電力の改革では予定調和が許されないことであり、もう1つの理由は電力以外の企業が生き残りを賭けた提携を模索しているからだ。特に注目されるのは大手ガス会社の動きだ。大手ガス会社は自由化を事業拡大の好機と捉えて、電力供給事業に進出してきた。しかし、全面自由化を前に、電力会社の動きが本格化すると、大阪ガスが東京電力・中部電力連合との連携、東京ガスが関西電力との提携を模索していると言われるように、分野を超えた提携に大きく舵を切った。

素材メーカーと電力・ガス会社との連携も拡大しそうだ。JFEは首都圏で中国電力と共同で東京電力向けに、大阪ガスと宇部興産が中国地方で、石炭火力発電所建設を行うと報道されている。神戸製鋼所も関西電力向けの石炭火力発電事業を神戸市で実施する予定である。また、日本製紙は木質バイオマスと石炭の混焼の火力発電所の建設を中部電力・三菱商事と静岡県富士市で進めており、王子製紙も富士市にバイオマス発電とボイラーの建設を計画している。燃料調達ノウハウ、工場跡地などの発電所立地、エネルギー管理士などの技術者などの資産を生かせる電力事業は素材メーカーにとって重要な戦略であることは先に述べたとおりだ。強者連合との提携はこうした事業基盤を一段と固めるための確実な打ち手と言える。

発電事業の海外進出

これから2020年に掛けて、国内の発電市場は原子力発電所の再稼働と増設された火力発電により供給過剰となる。その中で競争力を得るためにメンテナンスコストの掛かる老朽火力発電から最新鋭の火力発電へのリプレースが加速する。老朽火力発電を持つのは主として大手電力会社だが、彼らにとっても、供給過剰の市場での競争は厳しいものになる。そうした競争を勝ち抜けたとしても、電力需要が減退する市場での成長は望みにくい。

中長期の成長と収益向上のためには、需要が旺盛な新興国市場への進出がますます重要になる。2013年2月に関西電力がオーストラリア・ブルーウォーターズの石炭火力発電へ投資、2012年6月に東京ガスがベルギーの天然ガス・コンバインドサイクル発電へ投資といった動きが出ている。需要が減退するとは言え手堅い事業ができる国内で強者としてのポジションを確保し、海外展開で成長を目指すことできれば、国内外を股に掛けたクロスボーダー発電事業者としての収益構造が見えて来る。国内外で発電所の建設・維持管理、燃料調達を連携できるようになれば、事業展開は一層有利になる。

商社はこれまで海外で発電事業に積極的に投資してきた。丸紅が海外に投資した発電規模は1,059万kW（出資割合に応じた発電容量）に達しているとされる。北海道、四国、北陸の各電力の発電規模を優に上回り、東北電力に匹敵する規模だ。携帯電話で見られるように、国内の自由化が進めば、海外を合わせた発電事業の規模と成長性が発電事業者の評価軸となる。近年は、電力会社も海外発電投資を拡大しており、例えば中部電力はオマーンで200万kWの天然ガス火力発電所に丸紅と共同で投資するなど、商社が開拓した案件に少数株主として参加する例が増えている。一方で、商社の国内発電投資も拡大しており、例えば中部電力は三菱商事と共同で発電事業を進めている。電力事業に経験が豊富な電力会社との連携が増えることは商社の事業展開にも追い風となろう。電力会社と商社の連携が国内外を一気通貫するようになれば、日本の発電事業の成長性も底上げされる。

クロスボーダー事業者の成功の方程式

発電事業者として成長するには国内と海外が一体となった事業展開が必須だ。ここで重要なのは、世界的に見ても、国内で成功していない事業者が海外で成功を収める事例はほとんどないということである。発電事業は、対象国の需要構造、発電・送電の事業体制、規制や制度、電力料金、燃料調達などの影響を受ける。技術だけではこうした事業環境から発生するリスクを適切に管理することはできない。電力事業は収入の上限が決まっているので、収益を確保するにはリスク管理能力の向上が欠かせない。そのためには、海外の制度や市場構造を十分に分析することはもとより、国内の競争市場で、事業体制づくり、効率的な施設の建設、運営維持管理、リスク管理、などに関するノウハウと資源を十分に蓄積しておくことが不可欠だ。

海外での発電投資では投資回収率を高く設定するから、リスクをうまく管理できれば国内の投資より高い投資回収を得ることができる。需要は伸びないが安定した国内市場で手堅い収益とノウハウ蓄積を行い、海外で収益拡大を狙う、という構造は、海外の大手に見られる、インフラ事業の成功の方程式と言える事業形態だ。

これまでも商社を中心に、電力会社、ガス会社が海外の発電事業を手掛けてきてきたが、国内事業と海外事業は別物との認識があった。自由化はこうした国内外の垣根を撤廃する。東京電力は、総合特別事業計画で、海外展開と、卸電力入札により他社の建設する火力発電所から電力を調達する方針を示している。東京電力と提携した中部電力の海外発電投資は326万kWにまでに拡大している。そのノウハウを活用して、事業機会が豊富なガス火力を中心に事業を展開すれば、中長期的な成長基盤を構築することができる。東京電力と中部電力の提携は「グローバルなエネルギー企業創出」を基本理念にしていることから、国内での提携が海外事業にも発展することが期待される。

競争化する送配電ビジネス

クロスボーダー展開を目指すのは発電事業だけではない。送電事業でも成長のためには国内外を股にかけた展開が重要だ。電力需要が減退する中では託送料金も右肩下がりになる上、公的なインフラとなる送電事業では、総括原価方式に基づいて、収益率の上限が定められる可能性が

図表5-2　今後のクロスボーダーの動き

	国内	国外
電力供給事業	• 首都圏、関西圏、中部圏における電力会社の相互参入と国際競争力の向上 • 素材メーカーと電力・ガス会社の連携	• 電力会社による需要が旺盛な新興国発電市場への進出 • 海外発電投資実績の豊富な商社と電力会社のさらなる連携拡大
送配電事業	• エリア間の電力融通 • 地域間の電力流通のためのインフラ整備 • 送電線の公道化と広域系統運用機関の運用 • 東京電力のパワーグリッドカンパニーの始動	• 株式会社としての送配電事業の成長戦略 • 東京電力のパワーグリッドカンパニーの海外進出

高い。

この点でも東京電力は、総合特別事業計画の中でパワーグリッドカンパニーの海外展開を明記している。中部電力と東京電力を含む東日本の電力会社は送電線運用でも連携を図る方向にあるから、西日本の電力会社がこうした動きに同調するかどうかが注目される。東日本＋中部電力連合が西日本に送電線運用の主導権争いを仕掛け、海外展開でも同調するようになれば、国内の競争の成果が海外に派生する可能性もある。

欧州では、オランダのTENNETがドイツに進出する、ベルギーのEliaがドイツの50 Hzを子会社化する、など送電会社が国をまたいで活動しており、Eliaはアメリカの風力発電の接続線事業にも進出している。また、上場会社のイギリスのナショナル・グリッドはフランスとの間に引く国際連系線をはじめ、国同士を結ぶ連系線事業を拡大する。発送電分離が常態化した欧州市場では送電会社が成長戦略を取るのは当然のこととなっている。

強化した競争力を核にアジア進出を

海外展開で注目されるのはアジアを中心とした新興国だ。電力需要が旺盛な半面、国内の投資力が必ずしも十分でない新興国では、発電投資に門戸を開いているのが一般的だ。IPPの株式シェアに上限があるなどの制約もあるが、発電所の建設・運営の能力に定評のある日本の電力関係企業に対する評価は高い。

送電事業については、国営が押さえているところが多く、事業参入は必ずしも容易ではない。しかし、ここでも信頼性の高い電力網を築いてきた日本の電力会社に対する評価は高い。実際、東京電力をはじめとしてアジアの各地で送電網の設計、建設のアドバイスを行った実績がある。こうした信頼や実績と国が進めているインフラ輸出戦略が組み合わさると、新興国の電力インフラ整備の政策、計画づくりに関与することも可能になる。そうなれば、関係する企業の進出機会も増える。東芝や日立はアジアや東欧などで送配電インフラ事業の拡大をにらんで営業活動を行っている。国内の自由化は海外送配電事業に向けた体制整備に貢献する。

東京電力と中部電力の燃料共同調達をはじめとする規模拡大は、日本の電力事業の競争力を高め、アジアなど電力需要が大きい地域への事業展開を後押しする。欧米のグローバルに展開している電力供給事業者は規模が大きい。英国市場では自由化後、ドイツのE.ON、RWE、フランスのEDF、スペインのイベルドローラによる英国電力会社の買収が進んだ。収益基盤の確保された国内市場で安定基盤を作った大陸の巨大電力会社が英国市場への進出を果たし、一層強大化したのだ。E.ONの年間売上高（2013年）は約17兆円（1,225億ユーロ）と東京電力の約2.5倍に達している。顧客基盤のない海外市場への進出では、提携や買収が欠かせない。2020年頃には、巨大化した日本のエネルギー会社が海外企業を買収するような動きが展開されていることを期待したい。

グローバルエネルギー会社の形成

これまでエネルギー産業は国内市場を主な対象としてきた。電力は国内だけでも17兆円の規模があり、通信に匹敵する巨大市場である。これに一定の乗数を掛けて事業規模を拡大することができれば日本経済に与える影響も大きい。

通信では度重なる失敗も乗り越え、NTTグループは海外進出を進め、ソフトバンクもスプリントの買収に踏み切った。国内市場は8兆円程度に過ぎない日本の自動車産業が10倍の規模の海外市場を捉えて世界最強の一角を占めている。需要の縮小するエネルギー市場では、国内制度を作る際にもクロスボーダー視点での事業者育成を視野に入れた環境整備が必要だ

2

総合エネルギー事業の行方

3つの総合化

前著では自由化に伴い、3つの方向で総合エネルギー化が進むと指摘した。

1つ目は、地域の枠組みを超えた総合エネルギー事業である。これまで、電気事業では電力会社が独占権を持った地域の中だけで事業を営んできた。ガス事業においても、他社がガス管を配した地域に事業を展開することはまれだった。自由化が本格化すると、地域の枠組みを超えて電気事業、ガス事業を拡大する事業者が現れる。

2つ目は、エネルギー源の枠組みを超えた総合エネルギー事業である。これまでタテ割り行政の下にあった日本のエネルギー事業では、電力会社は電力供給、ガス会社はガス供給を中心として事業を営んできた。自由化が本格化すると、こうしたタテ割り構造が無くなり、複数のエネルギーを扱って需要家にベストソリューションを提示し事業の発展を目指すようになる。

3つ目は、供給サイドと需要サイドの連携による需給方向の総合エネルギー化である。エネルギーのベストソリューションを提示するためには顧客の具体化が必要になる。一方、需要サイドでは、エネルギーと他のサービスを組み合わせることにより付加価値を高めようとする動きがある。こうした需給双方の動きが組み合わさって、需給連携型の総合エネルギー事業が誕生する。

地域の枠組みを超えた総合化

上述したそれぞれの総合エネルギー化の現状を見てみよう。

まず、「地域の枠組みを超えた総合化」については、既に具体的な動きが始まっている。その中心となっているのは東京電力管内である。福島第一原子力発電所の事故により東京電力の投資力が低下したことで、東京電力以外のエネルギー事業者の進出が盛んだ。中部電力は三菱商事傘下のPPSの老舗であるダイヤモンドパワーを買収し東京電力管内での電力小売り事業に進出している。また、同社は東京電力と火力発電事業に関する提携を進めていることから、今後東京電力管内で新設ないしは更新される火力発電所の一定割合は同社の所有するところとなる。中部電力管内と東京電力管内の電力事業の垣根は時間が経つに従って低くなる。第1節で述べたとおり、関西電力も東北地方に建設される石炭火力発電所に参加するなどして東京電力管内への進出を図っている。

東京電力管内は福島第一原子力発電所の事故で参入余地が大きい上、日本経済の心臓部であり電力需要が旺盛だ。需要減退を懸念する他の電力会社や新規参入者にとって最も魅力的な市場であるから、多くの事業者が地域の枠を超えて参入しようとするのは当然だ。一方、東京電力としては、他電力や新規参入者の参入を許せば自社の経営基盤が揺らぐだけでなく、事業収益により福島の復興に貢献するという総合特別事業計画の最も重要なコミットメントの達成が揺らぐことになる。

当然のことながら、東京電力も攻められるばかりではない。こうした事態を回避するためには、自社管内での防衛線を強化するだけでなく、他社管内への展開も必要になる。既に、子会社で新電力のテプコカスタマーサービスを擁して、中部圏、関西圏への進出を図っており、大手家電量販店を顧客とするなどの戦果を上げている。将来的には千億規模の事業とするというから、東京電力の域外展開も本気だ。また、中部電力と火力発電事業のための共同出資会社を設立するため、実質的に中部電力管内への進出の基盤を得たことにもなる。

このように電力業界では、長らく堅持されてきた地域独占の枠組みが壊されようとしている。

ガス会社も大阪ガスが東京電力管内の電力供給事業に参画するなど地域の枠組みを超えた動きがある。ただし、ガス会社同士が他社管内の顧客を奪い合うという動きはほとんど見られない。これには、電力分野よりガス分野の方が自由化のスケジュールが遅れている、あるいは後述するようにガスの自由化が電力の自由化に比べて制約されたものにならざるを得ない、といった背景以外にも理由が考えられる。

1つは、ガス業界の構造だ。都市ガスだけで200を超える事業者が存在する中で、他社地域への進出をもくろむ体力を持つ事業者は限られる。一方で、それ以外の事業者の事業範囲は限定されており、全国的な総合エネルギー事業者化を図る事業者には、あまり魅力的に見えない。

もう1つは、ガス事業者以上に高いガスの調達力を持つ電力会社から自社管内の市場を守ることや、規模の大きな電力市場に進出することの方が戦略的な価値が高いからだ。

以上のような状況から、「地域の枠組みを総合化」は今後も電力会社による電力分野を中心に展開されると予想できる。こうした傾向は総合エネルギー事業の市場構造に大きな影響を与える（**図表5-3**）。

図表5-3　総合エネルギー市場の構造

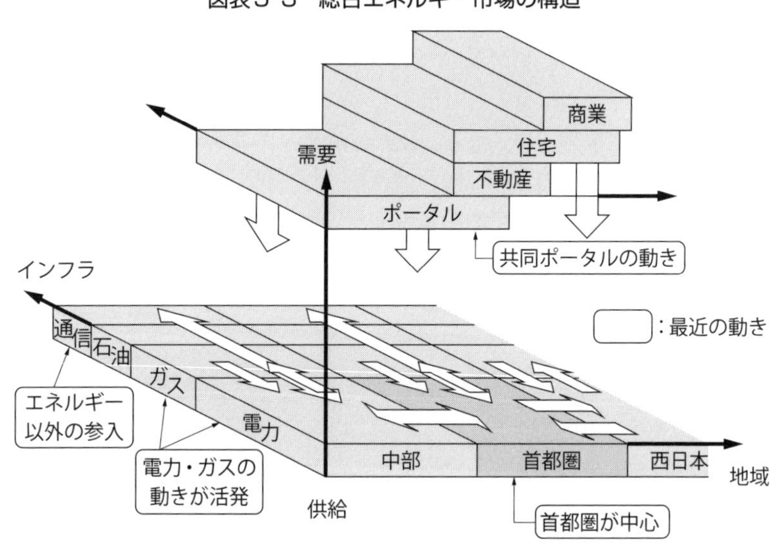

ガスの自由化

「エネルギー源の総合化」の動向を見る前に、電力と並ぶ総合化の対象であるガスの自由化の動向を確認しよう。

ガス事業は、対象地域に敷設された導管を介して需要家にガスを届ける、という事業の構造上、導管ネットワークを開放して小売を自由化すれば、サービスの質の向上と価格低減が期待できる、という点で電力事業と共通している。海外では、エネルギー事業としての共通があることから、電力とガスは並行的に自由化されてきた経緯がある。今般の電力システム改革の議論の中でも、ガス事業においては、「小売全面自由化、ネットワークへのオープンアクセス、ネットワーク利用の中立性確保、エネルギーサービスの相互参入を可能とする市場の活性化、広域ネットワークの整備」などについて、電力システム改革と整合的な改革が進められるべきと指摘されていた。

日本では天然ガスのほとんどをLNGとして海外から輸入しているが、多数のLNG基地と大規模な導管網を有しているのは東京ガス、大阪ガス、東邦ガスの3社しかない。多数、大規模とはいかないまでもLNG基地と相応の規模の配管網を有している会社も、北海道ガス、仙台市ガス局、静岡ガス、広島ガス、西部ガス、日本ガスの6社に過ぎない。その他、約200ものガス事業者がLNG基地などを保有しないで事業を行っている。それでも、天然ガスが供給されている地域は日本全体の6%弱でしかない。

日本では、電力の小売自由化は2000年に開始されたが、ガスの小売自由化は、電力に先行し、1995年の年間使用量200万m^3以上を皮切りに、1999年に100万m^3以上、2004年50万m^3以上、2007年10万m^3以上と順次範囲が拡大されてきた。また、ガス導管へのオープンアクセスについても、2003年に会計分離と情報遮断などの制度が導入されている。

こうした自由化の流れをガス事業の特性を考慮しつつ、どのように継続するかがガスの自由化の重要な観点である。まず、そもそも広域ネットワークの整備といった条件を電力システム改革と整合させることはできない。小売全面自由化については、異論はないものの、必要な事業環境を整備するため電力システム改革より1年遅れの2017年から実施することとされた。

電力でも問題になっているネットワークの分離（発送電分離）については、大手以外のガス会社の懸念が強く、「導管の総延長が全国シェアでおおむね1割以上であり、保有する導管に複数の事業者のLNG基地が接続されている」、東京ガス、大阪ガス、東邦ガスだけを法的分離の検討対象とすることとなった。法的分離のスケジュールは、電力より2年遅れの2022年とされた。

残るは、ガス事業特有の課題である、導管の保安とLNG基地である。ガスは電力と比べても自由化による保安体制への影響が懸念されるが、導管の緊急保安や内管の漏えい検査については引き続き導管事業者が行うこととなった。LNG基地については、基地事業者の安定供給に支障が生じない範囲で第三者が利用できるという制約付きの開放だ。

エネルギー源の総合化

電力、ガスの自由化の方向が明確になったことを受け、電力、ガス各社はエネルギー源の垣根を超えた総合エネルギー事業に向けた動きを活発化している。

大手電力会社はそろって、ガス市場での事業拡大を表明している。東京電力は総合特別事業計画の中でガス販売による収益拡大を掲げている。関西電力、中部電力のような大きなLNGの調達力を持つ電力会社も同様の方針を提示している。東京電力、中部電力のガス販売の可能性を一段高めたのが中部電力の提携と言える。既に行われた調達では、従来に比べかなり割安にLNGを買うことができたとされる。

大手電力会社の「エネルギー源の総合化」は2つの観点から実現性が

高い。1つは、上述したように大手ガス会社を上回るLNGの調達力を持っていることである。もう1つは、管轄内のガス導管の使い勝手がいいことだ。大手電力会社の管轄内では大手ガス会社のガス導管が敷設されており、当該導管が上述したガス自由化での導管分離の対象となる。大手電力会社は、有利なLNGの調達力を擁して電力とガスによるエネルギーのベストソリューションを仕掛けやすくなる。

自社のガス配管を利用することもできる。大手電力会社は沿岸部に火力発電用のLNG基地とそこから伸びるガス配管を保有している。これまでは二重導管規制により、こうした発電用の導管をガスの販売に使うことができなかったが、自由化に伴い利用できるようになる。大手電力会社管内の沿岸部には製造業をはじめとする大口需要家が立地しているから、LNG基地につながる自社導管を使うことができれば、電力会社は電ガス一体の営業攻勢を有利に展開できるようになる。

問われるサービスの魅力

当然、ガス会社も電力会社のエネルギー源の総合化を黙って見ている訳ではない。東京ガス、大阪ガスは以前の自由化から発電事業に進出している。今回の自由化では、両社が電力事業の進出に一層力を入れているのに加えて、東邦ガス、西部ガス、静岡ガスなども電力事業への参入を表明している。発電事業はガス会社にとって魅力的だ。市場規模が大きい上、展開できる地域も広い。ガス事業の展開がガス配管を敷設した地域に限られているのに比べて、全国津々浦々に送電線が敷設されている電力事業では、理論的には、全国で事業を展開することができる。

電力とガスは今後もエネルギーインフラの中核であり続ける。「エネルギー源の総合化」は世界的に見ても総合エネルギー事業の中核だが、ここで市場シェアを獲得するためには、電力、ガスの供給力の確保が欠かせない。

「エネルギー源の総合化」の行方を決めるのは電力会社とガス会社の

勢力争いになりそうだ。今のところ、この分野で両者をおびやかすような存在は見られない。大手電力会社と大手ガス会社を比べると、発電事業については電力会社が圧倒的な事業基盤を有している。2000年以来の電力の小売自由化で、自由化範囲のPPSのシェアが僅か3%強にしか達しなかったこともその表れだ。ガスの調達力についても、上述したように、大手電力会社が上回っているから、安価なエネルギーの供給力だけに注目すると、大手電力会社の優位は否定できない。

ただし、顧客獲得能力について見るとガス会社の優位性もある。電力会社が典型的なサプライサイドのビジネスモデルを取ってきたのに対して、ガス会社はガス消費やキッチン関連の設備・機器の販売など、顧客に入り込んだ事業を営んできたからだ。一つ一つの顧客をフォローする体制はガス会社の方が整っている。また、燃料電池を使ったシステムの開発など、新技術や新商品への取り組みも積極的だった。このところ、水素インフラへの注目が高まっているが、LNGが水素の原料の1つになる上、事業モデルが都市ガスと似ているため、ガス事業との親和性は高い。東京ガスは八ヶ岳経営を標榜し、ガス事業の持つ付加価値を多面的に展開する方向を示している。

したがって、「エネルギー源の総合化」の行方は、基本条件だけを見ると電力会社が優勢だが、顧客アプローチや商品開発基盤を生かせばガス会社にも勝機がある、ということになる。世界的に見ても、エネルギーの調達は価格だけで決まっている訳ではない。単価が若干高くても、サービスが良く信頼性の高い事業者が選択されているケースは珍しくない。その理由は、需要家にしてみれば、エネルギーのコスト削減は重要ではあるものの、最も重要なのは本業の収益であるからだ。例えば、多くの製造業では、エネルギーの費用が製品のコストに占める割合はそれほど大きなものではない。そこで、エネルギーコストを削減するあまり、過度に手間が掛かったり、製造工程にリスクが掛かるようでは本末転倒だ。コスト管理の厳しい大企業の工場でもサービスを優先している例がある。

柔軟な価格体系も基本的なコスト競争力の差に対抗するための材料になる。自由化により、これまで一律だった料金体系は取引の性格に応じて自由に設定できるようになる。顧客のロードカーブに合わせて電力単価を変動させると、実際にどこの会社の電力が一番安いのか分かりにくくなる。携帯電話の料金メニューのようなものだ。

自由化になると価格競争力ばかりに目が行きがちだが、周りを見渡せば、価格だけで事業の盛衰が決まっている市場は極まれだ。ガス会社でも、PPSでも、顧客を良く理解していれば、大電力に対抗する手段がない訳ではない。もちろん、10%を超えるような価格差をサービスで挽回するのは難しいから、サービスを売り物にするにしても電力会社に迫るコスト競争力は必要だ。

需要サイドと供給サイドの提携の動向

優良な顧客を囲い込んでいる事業者と競争力のある供給力を持つ事業者との提携の動きもある。そのための戦略を明確に公表しているのも東京電力である。東京電力は総合特別事業計画の中で、顧客サービスに強みのある事業者との提携を進める方針を打ち出している。具体的な提携先はこれから決まるが、多くの有力な事業者が手を上げるのは間違いない。特に、2016年から自由化される小口市場で東京電力との提携は魅力的なはずだ。収益源としての魅力もさることながら、最大の魅力は膨大な数の顧客接点だろう。供給サイド企業の代表である電力会社が個々の顧客へのサービス提供の体制が十分でなくとも、営業基盤のある企業であれば、これだけの数の顧客に自社の製品やサービスを提案できるからだ。また、提携すれば顧客管理のためのコストを削減することも可能になる。

電力会社が提携する先としては、同じような顧客を抱える通信会社、不動産がらみで多くの顧客を抱える不動産会社、住宅メーカー、ゼネコン、スーパーやコンビニなどのチェーン店、など、様々な業態が考えられる。東京電力が関西圏で子会社を通じてチェーン店の顧客を獲得したのも、需要サイドと供給サイドの提携の延長として捉えることができる。小口市場の自由化に向けて、他電力も需要サイドとの提携に動いている。関西電力はマンションの高圧一括受電最大手の中央電力に出資した。マンションという代表的な小口市場の顧客獲得を狙った戦略だ。

第1節で述べたように、多くの顧客を持つ事業者がPPSの認可を取り、顧客の求める電力を調達するというPPSのモデルが普及している。エネルギー事業としての意味もあるが、顧客へのサービスの充実という性格も強い。ここでの定義に従うと、需要サイドと供給サイドの提携を1社で担う形だが、自由化が普及するまでの過渡的なモデルとなる可能性もある。自由化が浸透して様々なエネルギー供給の商品を提供する事業者が出てくると、限られた数の顧客のために自らエネルギー源を確保するのは効率的と言えないからだ。

市場に様々な商品があるのであれば、顧客サービスに徹して、顧客のニーズに従って市場のサービスを取りそろえた方が合理的である。その場合、顧客のニーズを満たすためには、電力、ガスだけでなく、省エネサービス、エネルギー消費機器のモニタリングや修理・交換なども含めたサービス体制が視野に入ってくる。需要家から見ると、顧客サービスに徹した事業者は、ニーズに従って総合的なエネルギーソリューションを提供してくれる事業者ということになる。その裏には、エネルギー関連の商品、サービスを提供できる複数の事業者が控えていることになる。

顧客フロントの奪い合い

日本の電力市場は当分の間、供給過剰構造となることは既に述べた。供給過剰構造の市場では、顧客向けの商品・サービスはできる限り市場から調達し、顧客サイドのポジションに徹した方が有利になるのがビジネスの一般的なセオリーだ。アマゾンをはじめとするITポータル事業者が競争力を持っている背景には、新興国の成長などにより、世界中で優れた商品・サービスを提供する事業者が次から次へと現れる、という供給過剰気味の市場構造がある。

しかし、供給過剰にあるにもかかわらず、今のところ、エネルギー市場が自由化される中で、顧客サービスだけに徹して事業者が勢いを増す動きはほとんど見られない。電力会社が通信会社と提携して顧客を囲い込んだ場合でも、両者の商品を一括して提供する窓口ができるが、事業の主体は電力、通信事業者の側にある。不動産会社とエネルギー会社が提携する場合でも、顧客から見れば、不動産という商品を持った事業者とエネルギーという商品を持った事業者が手を組んでいることになる。商品を持たずに、顧客ポジションだけ取って市場から商品、サービスを提供するのに徹した有力な事業者の動きが今のところ目立たないのだ。

その理由はエネルギーという商品の特性にあるのではないだろうか。エネルギーは産業活動や生活を支える重要なインフラだから、安定して途切れることなく供給されなくてはならない。また、エネルギーの供給に関わる設備・機器の継続的なメンテナンスが必要になる。通信サービス、あるいは住宅などの不動産関連の事業も同じような条件下にある。さらに、エネルギーの場合、再生可能エネルギーが普及していると言っても、国際的な燃料価格の変動リスクに晒される割合が高い。こうした特有の条件がある中で、インフラ関連の資源を全く持たずに顧客ポジションを維持するのは難しいのかも知れない。

これまで、欧米を含めたエネルギー自由化の中で、アセットを持たずにエネルギーを仲介するビジネスモデルの可能性が語られたことは何度もある。しかし、そうしたビジネスモデルがエネルギー市場で大きな勢力となったことはない。上述したエネルギー市場の特性は、ITがどんなに発達しても、IoT（Internet of Things）がどんなに進化しても、当分変わることはないと考える。それが基幹インフラ市場である、という

図表5-4　総合エネルギー事業の位置づけ

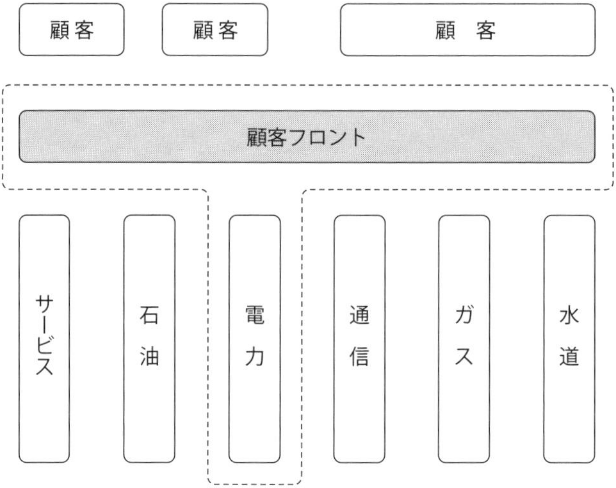

顧客　顧客　顧　客

顧客フロント

サービス　石油　電力　通信　ガス　水道

ことなのだろう。そうであれば、総合エネルギー市場を制するのは、得意とする商品を持った上で、他の商品を持つ事業者と柔軟に手を組める「T字型」企業ということになる（**図表5-4**）。

3 電力取引事業者

需要家のニーズと電力供給のマッチング

前著では、電力小売全面自由化の下で、顧客接点に強みを持って需要家のニーズに応える小売事業者が台頭すると述べた。自由化が進むと、需要家が、発電事業者、地域、サービス内容、電力を受け取る時間帯、再生可能エネルギーの割合などを選択するようになる。電力利用の目的、環境性に対する嗜好、原子力発電に対する主義主張、事業者からの付加価値サービスなどに関する需要家の考え方が電力という商品に反映されるようになるのだ。

こうした需要家のニーズと電力供給をどうマッチングさせるかが自由化市場の課題と可能性だ。しかし、需要家が電力供給者と直接交渉することは難しいため、マッチングを手掛けるビジネスへのニーズが生まれる。こうしたマッチングのサービスを行うには強固な顧客との接点が欠かせないため、不動産会社、通信会社、インターネット通販会社などが顧客のエージェントとなりサービスの提供者になる例もある。

一方、顧客サイドに立ってサービスを提供する顧客エージェントは必ずしも発電設備を持っている訳ではない。家電量販店やインターネット通販事業者がメーカーの製品を天秤にかけて顧客に提供するのと同じように、条件の良い電力を調達できなくてはならない。そこで、競争メカニズムを通じて、より安価な電力を提供するインフラとなるのが電力取引所である。電力取引所が充実すれば、事業者は24時間安定した電力需要に対応するベース電力を調達する市場（ベース市場あるいは先渡市場）、ミドル・ピーク電力を調達する市場（ミドル・ピーク市場あるいはスポット市場）、そして最後の同時同量を達成するための需給バランスを行う市場（需給バランス市場あるいはリアルタイム市場）から事情に合った電力を調達することができる（**図表5-5**）。電力システム改革

図表5-5　電力取引市場の構造

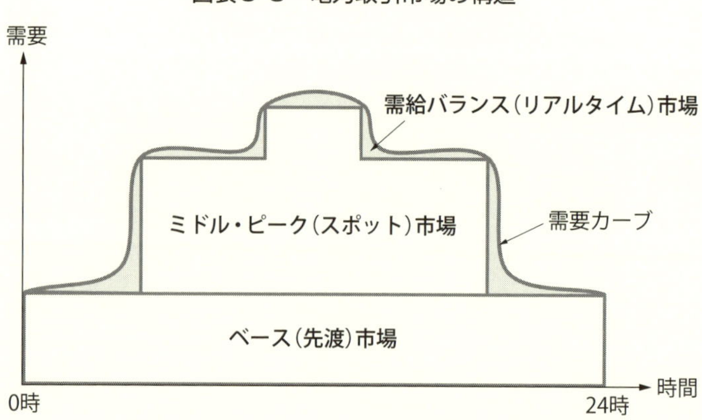

でもこうした機能を持った市場の整備が目指されている。

顧客エージェントのポジション

顧客エージェントは電力小売事業者（PPS）の1つの形態でもある。前著から2年間で、2014年1月に住宅向けのサービスを狙う大和ハウス、そして2014年8月に電話・携帯・インターネットとのセット販売を目指すソフトバンクが顧客エージェントの立場から電力小売への参入を表明した。2013年6月には、楽天グループが楽天エナジーを立ち上げ、既にPPSを立ち上げている丸紅、PPSのさきがけのエネットなどと需要家向けサービスを開発すると発表している。楽天の顧客向けに再生可能エネルギーを中心とした電力を取りまとめて供給すると共に、共同調達による電気料金の低減や、省エネサービス、ネガワット（デマンドレスポンス）報奨金サービスなどの提供も目指している。楽天の戦略は既存のインターネットサービスと合わせて顧客を囲い込むもので、電力供給を目的とした一般的なPPSのポジショニングを取っている訳ではな

図表5-6 JEPXの取引量の推移（単位：億kWh）

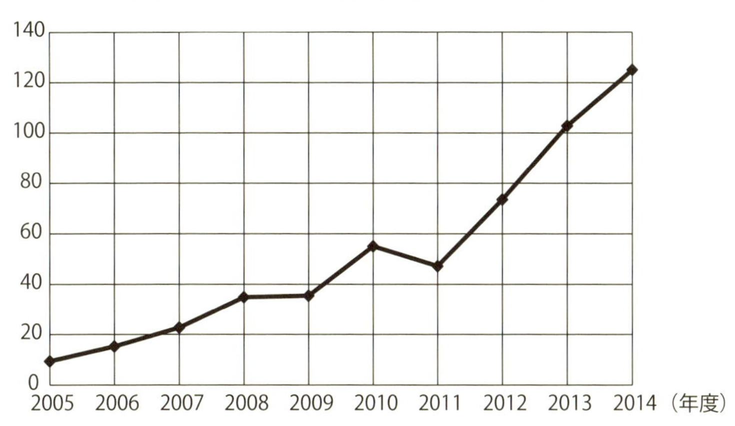

注：2014年度の数値は2015年2月までの数値をもとに推計
出典：JEPXホームページ

い。顧客エージェントの役割に徹するのが同社の戦略と言える。インターネットサービス事業者は、PPSに参入するよりも、電力におけるアグリゲータ（後述）となり需要家を押さえれば顧客基盤を強化することができる。これらの事業者は電力以外のサービスでは、既にアグリゲータとしてポジションを確立機能しているから、電力市場への参入はその中に電力を組み込む取り組みと捉えることができる。こうしたポジションを取れば、電力システム改革の進展をにらみつつ、事業の拡大を慎重に検討することもできる。

JEPXの2014年の取引量はようやく100億kWhを超える見込みだ（**図表5-6**）。東日本大震災前の2倍にまで拡大したとは言え、全電力販売量の僅か1%に過ぎない。JEPXの活用はPPSのオペレーションに組み込まれつつあるものの、顧客エージェントが電力市場で存在感を発揮するためには、まだまだ取引規模が十分ではない。

市場を支えるビジネス機能

小売事業者が安心して電力を確保するために、特定の事業者による市場支配のない取引を実現し、電力取引の流動性を高める必要がある。しかしながら、現状では、1年先など将来の電力取引を担う先渡市場はほとんど機能していない。電力システム改革では、電力会社がPPSにベース電力を供与する常時バックアップ制度が廃止されて市場で取引される、と規定されているものの、原子力発電所の再稼働の状況、電力会社の経営状況、あるいは自由化の進展度合いにより情勢は不透明だ。政策サイドや電力を利用する産業界も、原子力発電所の停止、固定価格買取制度による再生可能エネルギーの増加により電力料金が上昇する中で、電力会社の経営を根本的に変える制度改革は慎重にならざるを得ない。結局のところ、電力会社のベース電源からの電力が市場に投入されるまで変化を待つ必要がある。

新たな電力取引が期待できるのは、これまでの前日市場に当日市場が加わるスポット市場だ。これまでの電力取引の延長線上にあり制度改革の難易度が高くない上、需給バランスを取るための手段が限られ、インバランス（ペナルティ支払い）やむなしで事業を運営するPPSにとって収益改善の選択肢を広げられるメリットがある。スポット市場での1時間前の取引は日本卸電力取引所で当日市場として具体化の作業に入っている。

それに加えて、15分前や瞬時の取引を行うリアルタイム市場ができれば、PPSの柔軟性は格段に増す。風力発電が普及したドイツでは、市場を通じて市場の需給バランスを取る機能が出来上がっている。リアルタイム市場では、透明性のある決済機能や取引された電力を確実に送電するためにスケジューリング機能が必要となるので、決済を手掛けるクリアリングメンバーや送電会社に送電情報を提供するクリアリング組織が組成される。そうなれば、市場を支えるシステムを運用する事業者や金融機関にも市場参画の機会が増える。発送電分離が実現する2020年頃には、リアルタイム市場の制度設計が進んでいる可能性がある。

需要家のアグリゲータとネガワット・アグリゲータ

前著でも述べたとおり、（電力の）アグリゲータは小口の需要を取りまとめて電力調達の価格交渉力を高めたり、賃料、ガス料金、通信料金などをまとめて供給者側の手間を省くサービスである。日本では、需要家PPSという名称でエナリスが需要家を束ねるビジネスモデルを展開してきた。また、マンションの高圧一括受電ビジネスは、マンションの顧客を取りまとめて電力を共同購買していることから、需要サイドのアグリゲータの1種とも言える。このように、需要家のアグリゲータとなるビジネスモデルはこれまでも行われてきた。

需要家の節電の成果を束ねて市場に販売するネガワット・アグリゲータへの期待もある。発電設備の稼働率低下の原因となるピーク電力を低減させることの対価として、需要家が金銭的な支払いを得るというモデルだ。電力会社が、万が一の事態において電力消費を削減した需要家の電気料金を安くする需給調整制度を市場化したビジネスとも言える。規制下で独占的な立場にあった電力会社の半ば強制的な制度も、自由化が進展すれば経済的なインセンティブに立脚したビジネスに移行することができる。

しかし、この2年間でのこれらのビジネスの課題が見えてきた。エナリスは電力市場での特異なポジションを形成しつつあったにもかかわらず、会計処理などの問題で経営体制の抜本的な見直しを迫られるに至った。日本の電力市場の改革にとって少なからぬつまずきとなった。高圧一括受電ビジネスは、家庭向けの自由化される2016年以前に家庭を対象とした電力事業ができるため、オリックス、JCOMなど多くの事業者が参入している。高圧一括受電は電力会社が産業用・業務用（高圧分野）電力が自由化される中で、収益確保のため家庭向け（低圧）価格を高くした環境下で成長してきた。競争が利いた高圧の価格で電力を受電し、規制下にある低圧価格で電力を販売することで、高圧と低圧の価格差をもとに利益を上げてきたのである。しかし、既に新規参入者の参加によりこの価格差は縮まっており、自由化後は高圧から低圧への配送費用（託送料）の差に近づいていくと考えられる。高圧一括受電では、事業者がマンションに変圧器を置く必要がある。その回収コストと顧客の獲得・維持に掛かるコスト、料金徴収コスト、個人の信用リスクなどの負担コストなどを勘案して料金が決められる。自由化後は採算が厳しくなることは避けられない。住宅向けのセット販売などによる収益機会、需要家を囲い込むサービスのアイデア、束ねる顧客の規模、などを組み合わせられるかどうかでビジネスの成否が決まってこよう。

ネガワット・アグリゲータは、経済産業省の支援の下、BEMSアグリゲータの名称で実施されてきた。需要サイドとの連携を図りたい電力会社などが導入を期待し、需要サイドのビジネスを拡大したい商社やメーカーなどが参画し事業が進んできた。2013年12月には米国のEnerNOC社が丸紅と合弁でエナノック・ジャパンを立ち上げるなど、市場機会を求める事業者が数多く参入した。しかしながら、ネガワット・アグリゲータがアメリカで事業を伸ばしてきた背景には自由化における慢性的な供給不足がある。自由化では発電設備の効率を高める必要がある。供給事業者は発電資産をなるべく増やさないように発電投資を極力控え、効率の悪い発電所の稼働も抑えなくてはならない。

日本では電力会社が圧倒的な発電容量を持つ上、需要が漸減傾向にある中で原子力発電所の再稼働や旺盛な発電投資により、当分供給過剰の状態が続く。アメリカでネガワット・アグリゲータが成長したような供給不足の状況になることは想定しにくいから、少なくとも短期的には日本で大きな成長は期待しにくいと考えられる。

ITが果たす役割

前著では、ITはアグリゲータビジネスに欠かせないと指摘した。アグリゲータは需要家を束ねることが前提となるため、ITを用いて需要予測、需要家にメリットを感じさせる料金システム、見える化による情報提供を行うことで、効率化と付加価値の創出が可能となるからだ。例えば、ネガワット・アグリゲータはBEMS（ビルのエネルギー・マネジメント・システム）を用いて需要のマネジメントを行う。マンションの高圧一括受電ではMEMS（マンションのエネルギー・マネジメント・システム）を使って同様の構造ができつつある。日立は各戸のマネジメント・システム（HEMS）によって個々の家庭の需要をコントロールしつつ、マンション全体の需要をコントロールする、ITマンション・エネルギー管理支援サービスを開発している。三井不動産が開発したパークタワー新川崎（総戸数670戸）では、日立の製品が採用され、今後は通常のマンションでも導入が始まる。

制度の自由化に伴う段階的な拡大

原子力発電所の停止などで、現段階では、取引市場には電力会社の電力が十分に供給されていない。これが変わるのは原子力発電所の再稼働が進んでからだ。取引市場は制度変更や市場構造の影響を受ける。小売全面自由化、発送電分離、需給バランスにより市場の利用頻度や重要性が変わるからだ。現状では、まずは原子力発電の再稼働と電力会社の経営基盤の回復が優先され、取引所への強制的な電力供給は、小売全面自由化後の状況を踏まえ、さらなる競争促進策が必要となった段階でを行われる可能性がある。小売全面自由化後に電力会社がPPSをサポートする現状の常時バックアップ制度は廃止されるはずだから、その代替制度として取引所への電力供給が制度化されるのがあり得るシナリオだ。

リアルタイム市場は発電と送電の独立が前提になるから、具体化は送電会社の法的分離が行われる2020年以降にならざるを得ない。したがって、スポット市場の改革が進んだところで、発送電分離の進展度合いに合わせて市場形成が図られることになろう。いずれにしても、現状の電力会社による電力安定供給体制を受け継ぐ制度になるため、送電会社の制度設計と合わせて慎重な議論が行われることが予想される。

欧米では、取引所を補完するOTC取引も発達している。OTCは事業者同士の相対取引で、金融機関が取引リスクを買い取り、相対取引を仲介する事業者が活躍する。こうした仲介事業者が私的な市場を開設する場合もある。欧米では取引所のクリアリング機能を用いて決済を行う（例えばイギリスとオランダの電力取引所APXがOTC Bilateralという相対取引機能を提供）などの安全対策が進められたことで、OTC市場での取引が活発になっている。取引所の拡大する時期にはOTC市場も活発化することになるのだ。上述した取引市場の状況を踏まえると、日本ではOTC取引がどれだけ活発になるかが、自由化市場の行方を占う鍵となるだろう。

4

エネルギーファイナンス事業者

電力債から市場資金への転換

前著では、全面自由化に伴い、独占企業として電力会社に与えられていた財務的特権は廃止されるべきだから、電力会社が発行する電力債も廃止される可能性があるとした。電力債には、需要家よりも債権者への返済が優先される一般担保制度が付与されている。そのため、電力債は返済の確実性の高い債権とされ、電力会社は国債に近い低金利で資金を調達することができた。典型的な設備産業である電気事業では、低利で安定した資金調達手段があることは競争力に少なからぬ影響力を与える。電力債が廃止されれば、電力会社も一般の事業会社と同じように、事業から生み出されるキャッシュフローを原資に、市場から資金を調達しなければならなくなる。

実際、2014年10月30日の総合資源エネルギー調査会電力システム改革小委員会制度設計ワーキンググループでは、既に発行された電力債の一般担保は維持される一方、新規に発行される電力債の一般担保は発送電分離の施行後5年で廃止されるべきとの方向が示された。廃止までの期間や持ち株会社体制下での責任体制など条件面での論点はあるが、一般担保自体が競争環境の中で維持され得ると考える関係者は皆無だ。現段階では、原子力発電所の停止により電力会社の財務基盤は毀損されている、日本の電力供給システムを支えている電力会社の経営が激変を受けないような緩和措置が必要であるとの理由で、廃止までには10年近い移行期間が確保される見込みだ。それでも、一般担保廃止の方向性が示されたことで、電力会社も電力債が廃止になる前から、徐々に市場資金を調達するようになるだろう。その分だけ、電気事業の資金調達のための市場が開かれることになる。

リスクを取る投資家によるエネルギーファイナンス

規制下では、燃料高騰などによる電力事業のリスクは料金改定などを通じて需要家に転嫁されてきた。自由化になると、電気事業者はこうしたリスク転嫁ができなくなるので、エネルギー事業のリスクを加味したファイナンスが必要になる。電力債の廃止は、電力事業における市場からの資金調達を大きく変える。公債的な性格を持つ電力債中心のファイナンスから、株式投資や電力プロジェクト・プロダクトごとのファイナンスなど投資家がリスクを取るファイナンスが拡大する。

企業間の統合が進んで事業が効率化され、成長投資が行われるようになれば、債権投資に近かったこれまでの株式取得や融資と異なる成長リスクに対するファイナンスが行われるようになる。勝ち残る企業に資金が集中し、資金調達力が事業再編で勝ち残れるかどうかを左右する可能性がある。

自由化の進んでいるアメリカでは電力会社の信用力は、石油会社やガス会社に比べて劣後する。世界を股にかける石油メジャーに比べると、電力会社はローカル企業で規模も小さく、収益も電力価格のボラティリティに晒されるからだ。このため、電力会社は先物、オプションなどの金融商品を使ってリスクを回避しなくてはならない。日本でも自由化が進めば、こうした金融商品が利用されるケースが増えていくはずだ。

収益のボラティリティを吸収するような金融商品が出てくると、横並びだった電力事業者の経営も変わる。市場とリスク商品をうまく使って収益を高める事業者がある一方で、劣後する事業者が出てくるだろう。積極的にリスクを取って収益性を高める電気事業者もいるはずだ。こうした話をすると、新規事業者が有利に見えるかも知れないが、必ずしもそうは言えない。電力会社は金融機関の重要な顧客である上、金融機関は一足先に自由化に対応してきたから、新しい金融商品を提供する環境ができているからだ。また、電力会社の側でも、持株会社への移行に伴い、自由競争の中で事業の統合・買収（M&A）が始まる。事業ごとのリスクと収益の評価も格段に厳しくなり、電力業界でもエクイティファイナンスが当たり前になる。一方、PPSに参入する素材メーカー、不動産会社、通信会社などは、既にリスクファイナンスの活用は手慣れたものだから、電力事業向けのリスク資金は大きく広がるだろう。

日本版エネルギーファイナンス

電力債から市場資金への移行に伴い、発電所や商品としての電力プロジェクト・プロダクトを対象にしたファイナンスも拡大する。最初に導入拡大が想定されるのが、IPP（独立系発電事業者）の資金調達手法として国際的に一般的となっているプロジェクトファイナンスだ。発電事業は設備運用に関わる稼働リスクや契約先の信用リスクなど、発電所に直接関わるリスクで評価することが可能なため、ある程度事業者自身のリスクとは切り離して資金調達を行うことが可能となる。また、電力を商品と見立てて燃料や電力の価格ボラティリティを元にした先物やオプションといった金融商品も普及しよう。電力の販売価格を固定する先物商品や天然ガスの価格リスク回避のオプション商品などが考えられる。

前著からの2年間でも、東京電力の火力発電所建設における外部資金の活用を起点として、電力会社の火力発電所建設のプロジェクトベースのファイナンスが行われている。メガバンクが1995年のIPP開始以来20年ぶりに本格的な発電所ファイナンスを検討するなど変化が起き始めている。固定価格買取制度により拡大した再生可能エネルギーのファイナンスでは、プロジェクトファイナンスが用いられている。燃料調達が必要なく出力が安定しているメガソーラーには、売電価格の設定が高いこととも相まって出資、融資ともに多くの市場資金が流れ込んだ。

一方で、2016年4月に東京電力が持ち株会社体制に移行すると共に、政府が発送電分離の時期を2020年とするとの方針を示したため、原子力発電所のファイナンスを行えなくなる、という懸念が生まれている。

公道としての性格を強める送電会社がいかに安定した資金調達を行うかも課題だ。一部では、こうした懸念が電力会社の資金調達の市場化を阻むのではないかとの指摘もある。しかし、発送電分離が進むEUで「送電会社の資金調達の意思決定が独立していること」が規定されるなど、海外では事業の独立性を維持した上で事業の性格に応じた資金調達を行っている。今後、様々な議論が出てくるだろうが、電力会社全体が過度に優遇された資金調達環境を付与され続けることはあるまい。

漸進するマーチャントライン

前著では、送電会社は現状の電力会社のファイナンスに近い資金調達方法を取る、とも指摘した。送配電網の整備は発送電分離された後の送電会社が行うため、電力債に近い低金利でプロジェクト資金を調達することができる。送配電会社は発電会社に比べると、安定したキャッシュフローが見込めるからだ。信頼性を背景に利回りの低い社債などの発行も比較的容易で、年金基金のような機関投資家を招き入れることもあり得る。

一方、送電会社にも相対的にリスクの高い投資もある。遠隔地の再生可能エネルギーを取り込むための送電線や電力会社のエリア間の連絡線は基幹の送電線に比べて需要を読みにくい。こうした送電の投資について、EUではマーチャントラインと呼ばれる市場資金によるファイナンスが行われている。マーチャントラインでは、送電会社が事業の枠組みを作るものの、金融機関が事業のリスクやキャッシュフローを評価する分だけリスク分散が図れる。自由化に伴う電力会社のエリアを超えた電力の円滑なやり取りや再生可能エネルギーの変動に耐える機能の確保のために今後想定される送配電投資は5兆円レベルに達するとされる。電力会社としても十分なリスク評価の経験を持たない送電投資であるだけに、リスク分散のための資金調達の選択肢は広げておいた方がよい。

前著からの2年間に、北海道北部の稚内で、豊田通商と東京電力が出資するユーラスエナジーが手掛けるマーチャントラインの事業が立ち上がった。ユーラスエナジーがマーチャントラインを保有し、運用するSPC（特別目的会社）に出資を行った上で、経済産業省の補助を受け、固定価格買取制度による風力発電のキャッシュフローをベースに資金調達を行う計画だ。風力発電事業者は固定価格買取制度による高い価格で収入を得て、その一部から電力会社への送電に必須となるマーチャントラインに対して託送料を支払う。これを原資として借り入れた融資の返済を行うのだ。ユーラスエナジーが事業をリードする形で、2014年には風力発電会社のエコパワーを傘下に持つコスモ石油が7%出資するなど事業は具体化段階に入っている。ソフトバンク、三井物産、丸紅も同じく北海道北部の留萌で同様の事業を立ち上げている。

2014年4月には北海道と本州を結ぶ北本連系線30万kW分を整備する工事が始まった。J-POWERの持つ既設の60万kWのルートとは別に、北海道電力が青函トンネルを利用して手がける事業だ。広域送電網の整備に向け、電力会社自身が送電投資に本格的に乗り出した動きと捉えることもできる。しかし、環境省の試算によれば、北海道の潤沢な再生可能エネルギー資源を本州に取り込むには、最低でも800万kWの連系線の容量が必要とされている。電力会社の資金だけに頼っていては、理想的な広域送電は実現しない。その意味で、北海道電力の動きが契機となり、多様な事業者が連系線整備のマーチャントラインに参画するような事業環境づくりが期待される（**図表5-7**）。

ただし、マーチャントラインの事業では制度に裏付けられた収入がなければ、安定したファイナンスは望めない。電気事業法では、一般の送電網に対する総括原価方式しか規定されていない。マーチャントラインの収益に関する電気事業法上の制度の有無が一層の事業展開の要件となる。

図表5-7 マーチャントライン事業の概要

	参加者	ルート	接続する風力発電規模
北海道北部風力送電株式会社	ユーラスエナジーホールディングス、コスモ石油	稚内・宗谷エリア、天塩エリアおよび猿払・浜頓別エリアに至るルート	最大で1,400万kW
日本送電株式会社	三井物産、丸紅、SBエナジー（ソフトバンク）	増毛町から天塩川以南に至る日本海側ルート	第一段階調査で300万〜600万kW

出典：経済産業省ホームページ等より作成

市場整備が進むエネルギーREIT

日本の不動産市場では2001年にREIT（上場型不動産投資信託）市場が開設され不動産市況の活性化に一役買った。アベノミクス以来の不動産投資の活況にもREITが貢献している。エネルギー分野でもREITが普及すれば、送配電投資、再エネ投資、分散型エネルギー投資、エネルギーマネジメント事業者への投資などに市場の資金が流れ込むようになり、エネルギー事業のバリエーションが拡大する。

その端緒となるような、エネルギーREIT設立の動きがある。東京証券取引所がインフラファンド市場の創設を発表すると、イチゴホールディングス、スパークス・グループなどがメガソーラーへの投資を目的としたファンド運営会社を同インフラ市場に上場させる意向を表明した。東京証券取引所のインフラファンド市場は再生可能エネルギー、空港や道路などの公共インフラの運営権を対象資産とする。2013年に改正された投資信託法により投資信託法人が投資できる対象を株式などの有価証券、不動産、商品に加えて公共インフラの運営権を対象にできる

図表5-8　インフラファンド市場の概要

	内　容
背景	• 日本再興戦略におけるインフラ整備方針 ①インフラの整備・発展のための民間資金活用 ②公共施設を民間に運営を委ねる運営権方式の拡大 ③再生可能エネルギーの積極的に拡大 • 投資法人が再生可能エネルギー設備などインフラ保有を可能にする投資信託法の改正
目的	• アジア市場に対する競争基盤として上場インフラ市場の整備・実現 • インフラ整備・運営に関する民間資金の活用と金融資産運用の多様化
経緯	• 2012年9月より「上場インフラ市場整備研究会」を開催 • 2015年2月よりパブリックコメントを実施 • 2015年4月をめどにインフラファンド市場を開設
対象資産	• 再生可能エネルギー設備 • 公共施設運営権 • 道路、空港、鉄道など東証が指定する資産
参加予定	• いちごホールディングスが70～80億円程度の上場ファンドを組成予定 • スパークス・グループが2014年7月に上場インフラ市場への参入を決議 • タカラレーベンが上場を目指してタカラアセットマネジメントを設立

出所：東京証券取引所資料等により作成

ようになった（**図表5-8**）。このインフラファンド市場を大きく推進したのが固定価格買取制度である。かつてREIT市場が不良債権化した不動産の再生の受け皿となったように、メガソーラーをはじめとする再生可能エネルギーの安定運用先としてインフラファンド市場が設立されようとしている。メガソーラーへの投資は、不動産投資を行ってきた投資家により新たな成長分野と認知され、その出口としてエネルギーのREIT市場が求められたのだ。インフラファンド市場は2015年にも立ち上がるとされており、同じような動きが続けば、次世代に向けたエネルギーインフラの整備が後押しされる。

一方で、環境省は再生可能エネルギー投資などグリーン投資の情報開示義務を求めている。不動産投資と違い再生可能エネルギーの投資は、①事業性の強いキャッシュフローに依存、②環境効果を高めることが目的、といった特徴を持っているため、特徴に合った情報開示が求められるからだ。インフラは公共性のある資産であり、資産ごとに事業の特徴、リスク、投資意義などが異なるため、情報開示基準も資産ごとに規定しなければならない。

地域事業への期待

ファンドの組成では地域における動きにも注目したい。エネルギーREITは、メガソーラーや風力発電の資産を保有するのに適しているが、今後は固定価格買取制度見直し後の主役となるバイオマスボイラーなどを受け入れる地域熱供給の熱導管など熱関連設備が視野に入ってくる。利用料収入が安定して確保される需要や政策的枠組みといった要件を整備できれば、こうした資産もエネルギーREITの投資対象として位置づけることができる。

電気と違い、熱は一定のエリア内で利用するため地域性が強く、自治体の施設をはじめとする地域固有の需要や街づくりなどの政策に依存する面が強いため、地域の事情を理解する投資家、事業者が当初のリスクを取ることが合理的だ。メガソーラーでは、地域は再生可能エネルギーの投資のための場所を提供しただけで、東京などの企業が投資の果実を独占したと指摘された。今後は、自治体、地元企業が中心となって地域の資金を集めて立ち上げる事業に対する地域の理解が高まっていこう。地域のファンド、金融機関、事業者による地域の資金循環の枠組みを整備できれば、投資が進むだろう。地域がリスクを取り、安定した実績（トラックレコード）を積み重ねれば、地域版のエネルギーREITが普及することも想定できる。

地道な活動を続ける市民ファンド

自治体、地域の金融機関、事業者の投資と並んで期待されるのが市民ファンドだ。地域での再生可能エネルギー事業の立ち上げは100％市場資金の論理で割り切ることはできない。市場ファイナンスと市民ファンドが連携すれば再生可能エネルギー資源の掘り起こしの幅が広がる。市民ファンドでは、市民から資金を募って基金を立ち上げて再生可能エネルギー事業の資産を購入し、エネルギーの専門家の協力を得て、地域の企業、自治体などが事業を運用している。

前著以降、固定価格買取制度の下で、市民ファンドがようやく立ち上がりつつある。これまでメガソーラーの異常な買取価格で投資利回りが100％を超えるような案件も出てきたため、市民ファンドは収益狙いの市場資金にスピードで劣後してきた。しかし、2014年1月には山口県で「やまぐちソーラーファンド」が立ち上がり、2～4％の投資利回りで運用を始めている。小田原市でも2014年1月に地元のかまぼこ屋などを中心に「ほうとくソーラー市民ファンド」が立ち上がり、北海道石狩市や秋田県などでも風力発電の市民ファンドが立ち上がっている。2015年度にはメガソーラーの買取価格が27円/kWhになり、こうした市民の支える再生可能エネルギー事業が注目されるようになる。ただし、市民ファンドは多数の市民の小口の出資がベースとなるため、手間が掛かる割に金融の専門家に運用を頼みにくいのが実情だ。公共性を大義名分に公共団体がガバナンスを利かせて、専門家の育成に力を入れるなど、運用の質の向上が今後の課題と言える。

「ヨコの自由化」を支える
エナジー・ビジネス・インキュベータ

2020年に向けて、発電所、送配電網という比較的安定した収益を生む資産だけでなく、需要サイドの分散型エネルギーや制御システムを含むイノベーション投資にも期待したい。既に、グリーンテクノロジー分野に特化した「環境エネルギー投資」というベンチャーキャピタルも立ち上がっており、スマートハウスやグリーンビル分野を軸にして、ロボット技術、センシング技術、M2M、半導体などへの投資を行っている。老舗のベンチャーキャピタルも自由化と技術革新が進むエネルギー分野を重点投資分野に定めている。「ヨコの自由化」のための技術開発を支えるのはこうした事業者の資金だ。

一方、ベンチャーキャピタルの育ちにくい日本では、大手企業が需要サイドへの投資でも大きな役割を担う可能性がある。東芝はデマンドレスポンス技術を持つオーストリアのサイバーグリッド社を買収し、三井物産はアメリカのヴィリディティエナジーという制御システム開発企業に投資を行っている。コーポレート・ベンチャーキャピタル方式で日本の大手企業が海外の技術を買収していると捉えることもできる。スマートシティの市場が立ち上がりつつある中で、今後は現実の事業の中での技術の実装が課題となる。

5

需要サイド市場からコミュニティ・エネルギー事業へ

需要サイドビジネスの３種の神器

前著では、需要サイドビジネスの重要性を強調した。

需要サイドビジネスの発端は、建物の省エネをサービスとして提供するESCO（=Energy Service Company）である。ESCOは、建物の省エネ性を診断し、原則としてESCO事業者の負担で省エネ投資を行い、削減されたエネルギー費用の一部をESCO事業者が受け取る。ESCOの画期的な点は、省エネ保証を契約として「見える化」した点だ。次に、需要家の側に立ってエネルギーの運用・調達を最適化するESP（Energy Service Provider）というビジネスモデルが生まれた。時間ごとに変化する需要状況と市場の動向を見て最も効率的な運用と調達を支援するサービスだ。日本ではESP市場の広がりは限定的だったが、ESPが取り組んだエネルギー使用状況の「見える化」は、ITの進歩により、EMS（Energy Management System）として結実し、BEMS（Building Energy Management System）、HEMS（Home Energy Management System）という形で商品化された。また、リアルタイムで双方向のデータの送受信が可能なスマートメーターと組み合わさることで、広域の電力需給動向を踏まえた上で需要制御を行うDR（Demand Response）につながった。

こうしたESCOの「契約スキーム」、ESPの「見える化」、EMS、DRの「IT」が需要サイドビジネスの3種の神器と言える。これに今後再生可能エネルギーと分散電源の技術進歩と価格低下が加わり、需要サイドビジネスは一層の進化を遂げた。

需要サイドのビジネスでは、エネルギー事業者だけでなく、住宅メーカー・不動産会社・家電メーカー・自動車メーカー・ITなどの様々な業種の企業の連携が起こり、スマートハウスやゼロエミッションビルと

図表5-9　需要サイドビジネスの進化

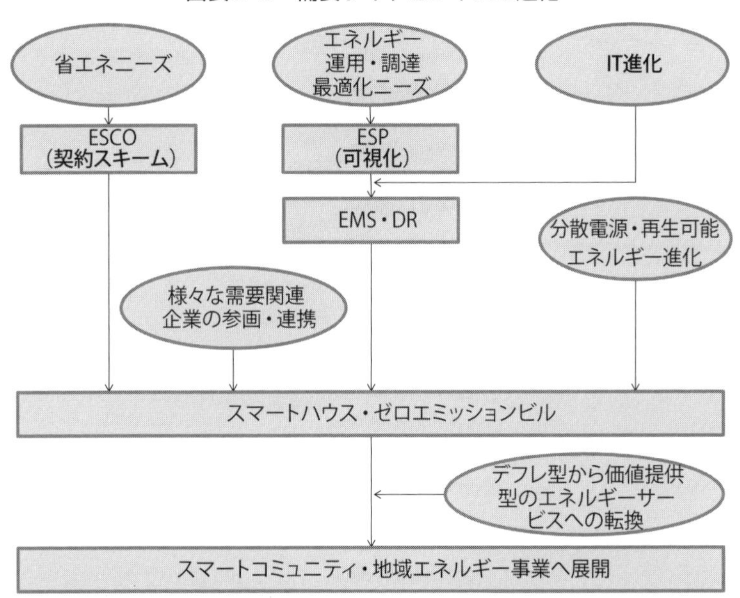

いう形で結実した。企業連携は、エネルギー事業に対してコスト削減だけでなく、新しい付加価値をもたらす。前著で指摘したエネルギーコストの削減分を収益とするデフレ型のビジネスから、需要家に新たな価値を提供する「価値提供・成長型」のサービスへの転換が実現しようとしているのだ。そして価値提供というコンセプトは、後述するスマートコミュニティや地域エネルギー事業につながっていく（**図表5-9**）。エネルギービジネスがこうした進化を実現するためには、単なる通信費の削減ではなく、新しい生活環境を提供して顧客が毎月何万円もの通信費を払う構造を作り上げた、IT業界の歴史に学ぶべきだ。

住宅会社の収益基盤となったスマートハウス

ESCO、ESPといった需要サイドのビジネスは日本でそれほど大きな市場にならなかった。一方で、システムや設備に目を向けると需要サイドでのエネルギービジネスの広がりは顕著だ。

住宅展示場に行き、営業マンから最新の家の話を聞くと、必ずと言っていいくらいスマートハウスという言葉を耳にする。住宅販売の現場でHESMを用いてエネルギー需給を自律的に管理するスマート市場が拡大している。どのような機能がなければスマートハウスとは言えないのかの明確な定義はないが、HEMSを用いたエネルギーの使用状況の把握はベース機能の1つだ。

エネルギーの使用状況は、家全体だけでなく、分電盤（=すなわち部屋）単位、さらには冷蔵庫のコンセントを差したプラグ部分などの単位で、5分間隔でデータをTVやパソコン、スマートフォンで見られるようになっている。HEMSと通信できる機能が家電側に搭載されれば、家電機器単位でのエネルギーの使用状況の把握やスイッチのオンオフ、温度設定などが可能になる。部屋や家電単位でエネルギー使用状況が把握できれば、省エネをどのように行うかという点について具体的な検討ができる。実際に、省エネのアドバイスを行うHEMSも登場している。HEMSの機能を分電盤の標準的に組み込む例も出ており、HEMSはやがて当たり前の機能として定着していくだろう。

HEMSは、太陽光発電や燃料電池などの「創エネ」機器が併設されると一層効果を発揮する。現行の固定価格買取制度では、太陽光発電の出力と需要の差分である余剰出力分だけが高額買取の対象となるため、太陽光発電の出力時には少しでも余剰が発生するようにエネルギーの使用を抑えるといった運用ができるからだ。将来、買取単価が下がって電力の購入単価との差がなくなった場合は、太陽光発電の出力がある時に洗濯機を回し、出力がない時は節電して電力の購入を抑える、という運用のニーズが生まれる。

大手住宅メーカーでは、新築住宅における太陽光発電の設置が当たり前になりつつある。積水ハウスでは、12年事業年度（12年2月～13年1月）の太陽光発電の設置率が77%となり、積水化学工業住宅カンパニーの12年事業年度（12年4月～13年3月）の見通しは86%となっている。大和ハウス、ミサワホーム、パナホームでも太陽光発電の設置する住宅が過半を占めている。パナホームは太陽光パネルを屋根全面に敷き詰めることにより、電力販売収入でローン返済の負担を軽くするような住宅商品まで展開している。

太陽光発電に比べると燃料電池の設置率は低いが、東日本大震災での計画停電の体験などからニーズが高まっている。燃料電池普及の鍵となるのは価格だ。現時点では200万円近く要するが、都市ガス会社などが近い将来までに実現を目指している50～60万円に近づけば、高性能給湯器エコジョーズ（30万円程度）に電力コスト分を追加する程度で設置できる。そうなれば一気に普及が進むだろう。

省エネ、創エネに続いて「蓄エネ」の機能を有するスマートハウスも販売されている。現在は、太陽光発電の余剰売電が可能となっているため、蓄電池に余剰電力をためるニーズは低い。オール電化住宅などでは、深夜料金メニューの安い電力をため込み、昼間に活用するという運用を売りにしているが、蓄電池のkWh単価と昼夜間の料金差を考えると、経済的なメリットは得られない。現段階では、停電時の安心感を訴求する商品と言える。ただし、将来蓄電池価格が下がり、太陽光発電の優遇買取りがなくなった場合には、余剰電力を蓄電池にため込んで利用する機能が経済的な訴求力を持つようになる。その際活躍するのも、やはりHEMSだ。家庭の需要特性を記録し、気象予測と組み合わせることで、明日は発電量が多いので今日は蓄電池の電気を放電し、明後日は雨になるので明日は太陽光をため込む、といった制御が自動で行えるようになる。

スマートハウスの広がり

ゼロエネルギーハウス（ZEH）という商品も販売されるようになった。HEMSのエネルギー管理機能と徹底した断熱性により省エネ性を高めた上で、創エネ機能によりエネルギー収支をゼロもしくはプラスにする住宅だ。もっとも、大型の蓄電池を設置しない限り、太陽光発電が期待できない夜間や雨天には電力購入が必要になる。そのため、現状では、リアルタイムでは電力を購入する場合もあるが、月間もしくは年間を通せば売電と買電料の差がゼロまたはプラスになるのが（ネット）ゼロエネルギー住宅ということになる。経済産業省は、ネットゼロエネルギー住宅に対して、1戸当たり350万円までの補助を行っている。積水化学工業が2015年2月9日に発表した、2013年にHEMS搭載の「セキスイハイム」に入居した3,545戸に対する調査結果によると、ゼロエネルギーを達成できた住宅は全体の約17%であったという。太陽光発電の設置容量が4.90 kWから4.80 kWに低減したにもかかわらず前年度より4ポイント向上しており、省エネとエネルギー管理の改善効果が伺える。ユーザーに対しては、効果が直接的で分かりやすいゼロエネルギー住宅というキーワードが訴求力を持つようになるかも知れない。

スマートハウスやゼロエネルギーハウスを前面に押し出しているのは、技術力のある大手住宅メーカーが多い。しかし、住宅市場での大手住宅メーカー10社の売上げの合計は30%にも満たない。スマートハウスの普及には、地元工務店が手掛ける住宅の「スマート化」が必要だ。

中小工務店向けにスマートハウスの販売支援を行うサービスも登場している。中小工務店向けに顧客管理サービスやウェブサイト制作などを提供している住宅ソリューションズ株式会社は、日新システムズが製造するHEMS関連機器の代理店として、中小工務店向けに「ビルダーズHeMS」というHEMSパッケージを展開している。工務店が住宅ソリューションズに分電盤を発注する段階で、申込書に回路や部屋名などを記入しておけば、追加費用無しで系統電力量や発電電力量、使用電力量の測定のための設定が完了した分電盤が送られてくるという仕組みである。

スマート化されたマンション、「スマートマンション」の着工も進みつつある。スマートマンションでは、マンション全体でエネルギー管理、節電、ピークカットを行い、エネルギー利用の効率性を高める。各世帯にはHEMS、マンション全体のエネルギー管理にはMEMSを導入して、アグリゲータと呼ばれる事業者がエネルギー管理サービスを行う。燃料電池についてもマンション用の省スペース型が販売され、マンションでも創エネの時代を迎えつつある。マンションでは、電力を一括で調達するだけでなく、エネルギー関連機器を複数世帯で共有することもできるので、戸建より経済的にエネルギー効率を高められる可能性がある。マンションのエネルギーサービスを担うアグリゲータには、複数世帯を束ねることによる購買力を生かし、電力だけでなく、電力以外のサービスを提供する企業と連携して住民に快適かつ効率的な生活環境を提供することが期待されている。

スマート化の意味

住宅メーカーやマンションディベロッパーにとってスマート化の意義は何であろうか。1つには、住宅にスマート関連の機器もセットで販売することで売上げが増えることだが、スマート機器の上乗せ分は住宅の価格に比べさほどではないので、大きなメリットとは言えない。もう1つは、スマート機能を組み合わせることで、住宅としての付加価値を高めることだ。スマートハウスが普及してくると新たな差別化が必要になるが、既に大手住宅メーカーの間ではスマート機能がなければブランドを維持できない、という時代になりつつある。

スマートハウスに関わるサービスを提供することで、住宅の売り切りビジネスからの脱却を目指そうという意向も垣間見える。ミサワホームは、2013年から10 kW以上の太陽光発電システムを搭載し売電による家計の負担を軽減できる「Solar Max」シリーズを発売しているが、その顧客に対して、一般電気事業者に太陽光発電出力を売るよりもkWh当たり1円高い価格で電力を買い取るサービスを2014年より開始した。電力は関連のPPS会社が買い取り、自社のグループ会社に販売する。住宅メーカーがエネルギーサービスまで乗り出す事例だが、エネルギーサービスによる収入増よりも、アフターケアの手厚さも示すことで差別性を訴えて、顧客を囲い込み各種のサービスにつなげることの効果が大きそうだ。

オフィスビルでの取り組み～ゼロエミッションビル

業務系ビルのスマート化の1つがゼロエミッションビルである。ゼロエミッションビルは、文字どおり、CO_2排出ゼロを目指すビルである。超高層ビルなどでは、需要に対して十分な太陽光発電設置可能面積が取れずゼロエミッション化は困難だが、理想に近づこうとすることに意義がある。標準的なビルに比べ、高断熱であることはもちろん、高効率熱源、自然空調、LED照明や自然採光、BEMS（ビルエネルギーマネジメントシステム）などにより徹底的に需要を減らし、屋上など設置した太陽光発電や小型風力発電、あるいは地中熱ヒートポンプで創エネを図る。コジェネレーションでエネルギー利用効率を上げるケースもある。

ゼロエミッションビルはハード面だけでなく、電気の適切な使い方、クールビズ、テナントとオーナーの協働、といったソフト面の取り組みを含めた概念でもある。例えば、クールビズと言っても精神論だけに頼るのではなく、空調吹出し口を細かく分け、各人の好みに合わせて人に風を当てるか拡散させるかを選ばせることで、空調負荷を上げずにオフィスの快適さを保つことができる。こうした最先端の取り組みの集積で、従来の標準的なビルに比べエネルギー消費を40～50％程度削減できた事例も見られるが、それでも100％の削減は不可能だ。そこで出てくるのが、ビル単独での取り組みではなく、複数のビルや周辺の街と連携した取り組み、「スマートコミュニティ」である。

点から面への取り組み：スマートコミュニティ

スマートコミュニティでは、デマンドレスポンスなどを使い街全体で需要の制御や再生可能エネルギー、コジェネレーションの最適利用を図る。エネルギーだけでなくデマンドバスなどの交通面の取り組み、EMSから得られる情報を商業や生活サービスで活用するといった、生活環境の整備も含まれる。スマートハウスやゼロエミッションビルでは単独施設のエネルギー需給の最適化を図るが、コミュニティを対象にすれば焼却場の余熱、コジェネレーションの排熱、小水力発電など、地域の資源を生かすことができる。最近注目される木質バイオマスでも、里山から出てきた未利用木材を地域で使うことで経済的な利用が可能になるといった面もある。住宅メーカーやディベロッパーから見ても、面として取り組むことで、地域のブランド性を高め不動産価値を向上させることができる。

スマートコミュニティの開発は各地で始まっている。ミサワホームが開発している「エムスマートシティ熊谷」は、第1弾の10棟が2014年8月に完成した。埼玉県熊谷市で1万8,000 m^{2}の敷地に73棟のスマートハウスを建設する計画である。全棟を「ネットゼロエネルギーハウス」の仕様で建設して街全体の電力使用量を削減する。「エムスマートシティ熊谷」では住宅の屋根に太陽光パネルを設置する他、都市ガス用燃料電池の「エネファーム」を全棟に装備する。熊谷市は「日本一暑い街」として知られるが、エムスマートシティ熊谷には水場のある公園を風上に配置するなど、街の設計面でも通風と排熱に配慮した設計を取り入れた。さらに、「ゼロ災害」のコンセプトに掲げて、エネファームには停電時の発電機能を備えている。こうした統一的な機能を有する住宅を集めたことで、単体で売るよりも高い価値を付けて販売することが可能になる。

スマートハウスを集めた住宅街としては、「Fujisawaサスティナブルスマートタウン（Fujisawa SST）」が有名である。パナソニックが、自社工場の跡地を住宅街に転換した敷地に1,000戸のスマートハウスを建設する予定だ。Fujisawa SSTでは、街区全体としてCO_2排出量を1990年対比で70％減、再エネ利用率30％、ライフライン確保3日間といった数値目標を掲げている。特徴的なのは、エネルギーや安心・安全といった基礎的な機能に、モビリティ、ウェルネス（健康）、コミュニティ（つながり）といったサービスを付加している点である。モビリティについては、EVはもちろん、電動バイクや電動アシスト自転車まで含めたシェアリングサービス、レンタカーデリバリーサービス、充電バッテリーをレンタルする「バッテリーステーション」を整備する。ウェルネスには、特別養護老人ホーム、サービス付き高齢者向け住宅、各種クリニック、保育所、学習塾などが一体となった「ウェルネス スクエア」を整備することに加え、ITを活用した健康管理情報の提供といったサービスも含まれる。コミュニティについては、タブレットを通じた各種サービスの予約や住民の情報交流を可能にするだけでなく、次世代型自治組織「Fujisawa SST コミッティ」の運営もサポートする。こうした広い意味での街区全体のスマート化により、不動産価値の向上が図れる上、住民、住宅メーカー、ディベロッパー向けのITソリューションの発信の場を創ることができる。

マンション、商業施設、業務施設などを含む大規模複合開発の中でエネルギーマネジメントを取り入れた事例として有名なのが三井不動産が展開する「柏の葉スマートシティ」だ。コジェネレーションでエネルギーの自給率を高め、特定供給の形態を取ることで、需要特性の異なる建物間でエネルギーの効率的な運用を行えるようにした。また、ガスコジェネレーションの排熱と地中熱、温泉熱、太陽熱を組み合わせて空調や給湯に利用し、生ごみバイオ発電、200 kWの太陽光発電システムなど再生可能エネルギーの導入も進める。

こうした地域レベルで発電、受電、電力消費を一元管理するのが「エリア・エネルギー管理システム（AEMS）」である。街区を越えた地域全体でエネルギーの「見える化」を実現し、住民、テナント、来街者が地域のエネルギー状況を共有することができる。電力供給ひっ迫時には緊急メールを発信してピークシフトや停電回避に向けた対策を提案するなど、地域全体での取り組みもある。また、柏の葉でもエネルギー関連の取り組みに加え、健康、生活、モビリティ面でのサービスが提供される。このような大規模複合開発のスマートコミュニティ化の動きは広がりつつある。例えば、野村不動産や三菱商事が手掛けた「ふなばし森のシティ スマートシェア・タウン」である。首都圏最大級の総敷地面積約17万6,000 m^2、分譲マンション1,497戸、病院、戸建住宅42戸、大型商業施設、大型公園、子育て支援施設などを備えた街だ。その中で、住民間でエネルギー使用状況を可視化してランキングを発表したり、高圧一括受電を活用した電力サービスを通じ使用電力量に応じた3段階のデマンドレスポンス対応電気料金メニューなどを組み込むなど、住民の自発的かつ持続的な省エネ意識を促す仕組みを取り入れている。野村不動産ではこうした事業の成果を、他のプラウドシリーズへ展開することも想定している。

スマートコミュニティの全国展開

新興国と異なり、日本には新しい都市開発の需要はそれほど残っていない印象があるが、高齢化社会と人口減に伴った都市の再構築のニーズは多くある。その1つが、特定のエリアに官民の生活基盤施設と居住施設集中させ、サービスの提供効率を高めるコンパクトシティである。ここでは、「柏の葉スマートシティ」で試みられているような、地域としてのエネルギー、健康、生活、モビリティ面でのサービスへの需要が高まるはずだ。コンパクト化されていれば事業として成立する可能性も高まる。

居住地の移動には時間を要するだろうが、コンパクトシティの流れは日本各地に着実に普及していくと考えられる。そこで課題となるのは、誰がコミュニティのマネジメントを担うか、である。地方部で期待されるのは、全国的に先行した事業者、地域の民間事業者、自治体、NPOなどが連携したマネジメントだ。

地方創生と地域エネルギー事業

需要サイドビジネスから、施設ごとのスマート化、スマートコミュニティと展開してきた流れの中で、注目すべきなのは地方創生の動きである。人口急減・超高齢化という課題に対し、政府一体となって取り組み、各地域がそれぞれの特徴を生かした自律的で持続的な社会を創生することを目指して「まち・ひと・しごと創生本部」が設立された。各地域がそれぞれの特徴を活かして自律的で持続的な取り組みをするという点で、エネルギーは地方創生の重要な切り口となる。エネルギー分野では、「まち・ひと・しごと創生総合戦略における政策パッケージ」の中で以下の事業が特定されている。

〔環境省事業〕

「廃棄物エネルギー導入・低炭素化促進事業」「地熱・地中熱等の利用による低炭素社会推進事業」「自立・分散型低炭素エネルギー社会構築推進事業」「地域循環型バイオガスシステム構築モデル事業」

〔経済産業省事業〕

「バイオマスエネルギーの地域自立システム化事業」

〔総務省事業〕

「分散型エネルギーインフラプロジェクト」

共通しているのは、従来の再生可能エネルギー政策の中であまり重視されてこなかった「熱」にスポットライトが当たっていることである。これまで重視されてこなかった割には、どこの地域にもあり、活用できる地域資源であるからだろう。そこで注目すべきなのがドイツでの取り組みである。

先行するドイツのシュタットベルケ

ドイツには、シュタットベルケと呼ばれる、水道、交通やガス供給、電力事業（発電・配電・小売）などの整備・運営を行う公的ないしは準公的な事業体が900近く存在している。1998年の電力自由化後、世界最大級のグローバルエネルギー企業、E.ON 、RWEなどが市場を席巻する中でも、自己電源を活用した電力小売で約2割、外部の電源調達も含めた電力小売では5割弱のシェアを占めるなど大きな存在感を保っている（**図表5-10**）。

シュタットベルケは自治体が出資する企業であることから、地域の生

図表5-10　シュタットベルケの事業内容（Statwerke Munchen の場合）

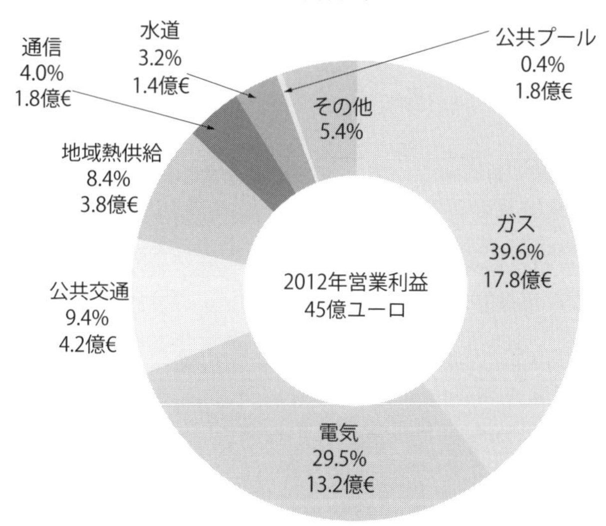

出典：Statwerke Munchen ホームページ

活と雇用を支えるという地域貢献の意識がベースにある。一方で、経営は民間出身者を数多く取り込んで効率的な運営を行い、大手電力などに対しても一定の競争力を保っている。エネルギー事業で言えば、地域の顧客向けに省エネのアドバイスや迅速な事故対応など地域企業ならではのサービスを打ち出している。

地域貢献で最も重要な要素の1つは、地域の資金循環である。例えば、シュタットベルケ・デュイスブルクでは、ナショナルプロバイダーの電力を利用した場合、電力料金の10％程度しか市内に資金が還流しないが、シュタットベルケから電力を購入すれば29％の資金が還流するとしている。

コスト競争力については、市場や大手電力会社からの電力調達と保有電源の発電出力のポートフォリオを組み、時々刻々と変化する電力コストを見据えながら電力調達を最適化する仕組みを作り上げている。また、自社保有の電源については、コジェネレーションを多用することで熱供給を行いエネルギーの販売収入を上げている。

こうした電熱併給事業には、熱導管が発電所から需要地点まで敷設され、排熱を無駄なく利用できることが不可欠だ。ドイツでは、1970年代のオイルショック時に、省エネ政策として公共主体で熱導管を敷設したことが役立っている。例えば、ルール地方では、1970年代のオイルショックの際、ドイツ政府から2分の1の資金支援を得て、3年間にわたる計画・建設工事により熱導管インフラを整備した。現在でも、CHP法（＝Combined Heat and Power：コジェネレーション）により、熱供給ネットワークについては初期投資額の20％を限度に国の支援が得られることになっている。

ドイツのシュタットベルケの地域エネルギー事業を参考に、日本でも地域エネルギー事業を立ち上げ地域活性化に役立てようとしているのが総務省の「分散型エネルギーインフラプロジェクト」である。2013年度に33自治体を対象に基礎調査を行い、2014年度には、北海道下川町、青森県弘前市、岩手県八幡平市、山形県、静岡県富士市、大阪府四條畷市、鳥取県鳥取市・米子市、長崎県対馬市など合計14自治体が調査委託団体として採択され、地域エネルギー事業のマスタープランを策定している。

問われる自治体の役割

「分散型エネルギーインフラプロジェクト」では、自治体が出資する地域エネルギーインフラ会社（熱導管などのインフラを保有）と、そのインフラをベースにコジェネレーションやバイオマスボイラーで熱供給などを行う民間主体の地域エネルギー会社、余剰電力などを広く販売する地域PPS会社、の3層構造を想定している（**図表5-11**）。その際、地域でしか活用できない熱を組み合わせることで地域エネルギー事業ならではの競争力を確保することを念頭に置いている。ただしドイツと異なり、日本には地域での熱利用のためのインフラは存在しない。現状の制

図表5-11　地域エネルギー事業のフレームワーク

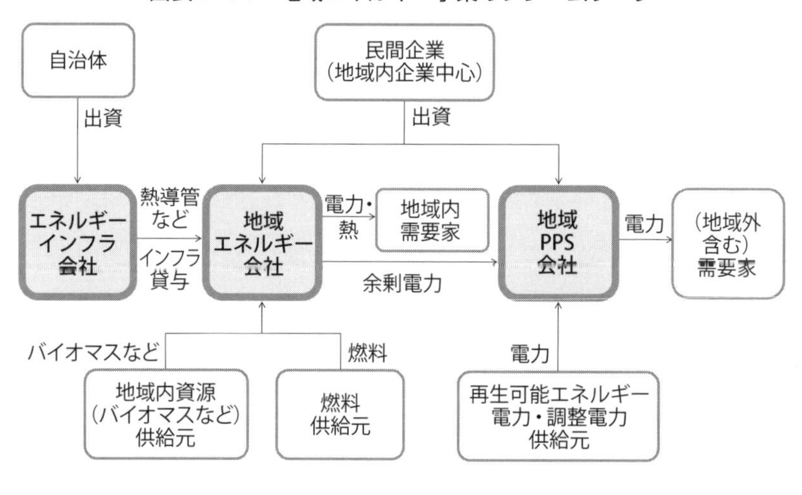

度では、これを民間企業として投資することは難しい。ドイツの例を見ても、熱導管の投資回収には30年程度を要するにもかかわらず、民間企業財務における熱導管の償却期間は17年しかない。

日本で熱導管を整備するためには民間の財務に特例を設けるか公共団体の財務を使うしかない。前者には多くの検討を要するためには、公的な関与の下に整備するのが現実的だろう。実際に、水道や高速道路などでは企業財務とは異なる枠組みで資産を整備、維持している。しかし、こうした公共関与を可能とするためには、熱導管の整備に関する公的な意義を明らかにしなくてはならない。

まずは、地方創生の政策方針の下で、地域内での資金循環と雇用を拡大し、地域エネルギー事業を運営するための経営者や技術といった高度人材を確保する、という点が重要だ。

次は、ドイツと同様エネルギー政策としての意義がある。原子力発電の行方が見えない中で日本は2030年に向けた温室効果ガスの削減目標の提示を求められている。未開拓の熱利用を位置づけることは政策的に効果が高いはずだ。

もう1つ言えるのは次世代に向けた街づくりへの貢献だ。高齢化と人口減少が進む中で行政サービスやインフラのコンパクト化が求められている。公共施設を中心に地域エネルギー事業を展開すれば、住民を引き付けるエリアの形成に寄与することができる。

地域資源を生かす熱インフラ

熱導管が整備されれば街中から離れた場所に建設された一般廃棄物焼却施設の排熱を有効利用することもできる。これまでは焼却施設に熱需要が無いため温水プールを建設し、そのプールの収益に頭を悩ますといった問題が散見された。熱配管が敷設されれば、こうした二重の無駄を無くすことができる。

廃棄物処理施設については、発電した電力を地域PPSを通じて他の電源と組み合わせて、地域内外の需要家に販売することもできる。狭い国土の中で衛生的に廃棄物を処理するために日本は焼却施設の建設に力を入れてきた。その結果、実に世界中の半分以上の焼却施設が日本に立地している。1990年代に問題となったダイオキシンも技術の進歩により発生量は検出限界以下となっている。地域エネルギー事業が普及すれば、こうした日本独自の資源が有効に活用されることになる。

熱供給のインフラさえ整備されれば、そこに熱や電力を供給するための設備の投資は民間的な財務の下で回収することができる。そこに地元の企業が参画すれば、地域の資金循環を増やした上に企業の成長にもつながる。

地域エネルギー事業の立ち上げには、需給両面から地域の資源を積極的に取り込んでいかなくてはならない。需要については、自治体自身が基礎需要となると共に、周辺の民間需要を取り込んで事業を拡張していくべきだ。

供給側では地域の有力企業を巻き込むと同時に、地域内のエネルギー資源をできるだけ取り込みたい。地域の企業が地域内の資源を使って事業を営めば、その分だけ地域内の資金循環が増える。その上で、地域なの顧客へのきめの細かいケアを行うことが、大手のエネルギー企業に対する優位性となる。

多くの地域で、こうした需給両面のコーディネーション役を担うのは自治体しかない。地熱、バイオマス、風力、小水力などの地域資源の特性や地域企業の事情を最も把握しているだろうし、水利権などの利害調整を行える立場にもいる。需要側についても特性を把握しているし、公共団体ならでは支援を国から受けることもできる。需要家サービスからスマートハウス、ゼロエミッションビル、スマートシティへの発展を担ったのは民間企業だ。この流れを地域へと拡大し、電熱併給によりエネルギー効率の向上を図るためには、自治体の意志と行動力が必要なのだ。

6

次世代のエネルギー市場

競争を求める理由

ここまで述べてきたように、電力自由化は新規参入者に対してバラ色の市場を提供する訳ではない。特に、供給サイドの市場は厳しい。エネルギーが規模の経済が利く市場であることを思い知らされる。エネルギー源ごとに概観しよう。

原子力発電は復活する。既に、48基もの原子力発電所を保有している日本にとって、原子力発電の再稼働は、やるとなったら中途半端には終われない。原子力発電所を停止される電力会社と稼働できる電力会社では、経営に天と地ほどの差が出るため、恣意的な判断はできない。世界基準から見て合理的な技術水準を示した後は、基準をクリアした原子力発電所は淡々と受け入れざるを得ない。原子力発電所の経済性は高いから電力会社は全力を挙げて基準をクリアしようとするから、ひとたび合格が出れば、本書で述べたように、7割程度の原子力発電所が復帰するだろう。一方で、新規参入者が原子力発電所を建設するのは、技術、資金、信用力などの面で全く現実的ではない。

水力発電は自由化と低炭素化の流れの中で重要性を増す電源だ。しかし、高度成長時代までに発電ポテンシャルの高い水系はほとんど電力会社によって開発されている。一部の企業が持つ水力発電設備の所有権を獲得することはできるが、案件の数は限られている。国や自治体が多目的ダムなどの余力を開放することも考えられるが、利水、用水、治水を第一義とした発電しかできない。水力発電は先行者有利のエネルギー源なのだ。

火力発電については、本書で述べたとおり、燃料と資金の調達力がモノを言うから電力会社が圧倒する市場になる。

太陽光発電を電源としているPPSが多いが、需給バランスを取るためには、電力会社のベース・ミドル電源に頼らざるを得ない。

電力会社が有利な条件がこれだけそろっている市場で、供給サイドの市場で新規事業者が勢力を拡大することは考えにくい。運よく一定のシェアを獲得できたとしても、日本では電力需要自体が減退しているのだから、高い成長性を得ることは考えられない。

一方で、政策サイドとしては、PPSのシェアを増やしたいと思うだろう。何しろ、前回の自由化では、自由化された市場のたった3%をPPSが獲得しただけで、電力料金が3割も下がったのだ。政策サイドは、何とかしてPPSを生き残れるような政策を講じるはずだ。ただし、余りにも露骨に電力会社に不利な政策を展開するのは難しいから、生き残ったPPSは利益も成長も限定された、下手をすると生かさず殺さずの状態になる可能性がある。

つまり、国内市場に限った場合、PPSの政策的な存在意義は、産業としての成長性ではなく、インフラの効率性にあることになる。

官製市場への期待

再生可能エネルギーは、エネルギーミックスの中でのシェアを拡大する、という方針は誰も反対しないから成長市場であることは間違いない。しかし、固定価格買取制度で分かったのは、再生可能エネルギーの市場は、自由に成長できる市場ではなく、国民負担に依存した市場であるということだ。その意味では公共事業の市場と似ている。公共事業の市場は高度成長自体に大きく伸びたが、今の日本は低成長と深刻な財政難の中で増税が避けられない状況にある。国民負担の拡大には慎重にならざるを得ない。

欧米では風力発電が天然ガス発電を凌駕するような経済性を持っている場合がある。しかし、それらは広大な用地が確保しやすく、年間を通して安定した風況が得られる大陸の一部に限られる。日本にはそうした立地はないから、「再生可能エネルギーの拡大イコール国民負担の拡大」になる。

本書で改めて述べなくても、発電市場での事業が厳しくなることは少し考えれば分かることだ。にもかかわらず、多くの事業者がこの市場に参入しようとしているのは、新規参入者に2つの期待感があるからではないか。1つは、電力会社が支配していた市場の一部を手にすることができる、という自由化政策期待である。もう1つは、地球環境保全の目的があるからコストの高い再生可能エネギー事業でも拡大できる、という環境政策期待である。しかし、上述したように、自由化市場の本質はインフラの効率性を維持するためにあるから、一般の発電事業は電力会社の脅威に晒されながら利益は限定される。再生可能エネルギーの市場は負担を強いる国民が納得できる範囲でしか優遇策を続けることはできない。政策的に問題が多かったこの3年間の実績は例外的と見なくてはいけない。

市場ニーズの充足こそ自由化の意義

供給サイドで電力会社と伍して競争するのが難しいのだから、電力自由化のビジネスチャンスは需要サイドにあるはずだ。しかし、需要家の立場になって考えると、全ての需要家が新規事業者を期待している訳ではない。インフラである電力にまず求められるのは信頼性だからだ。特に、日本の電力会社は長い間高い品質の電力を供給してきたから、多くの需要家は「価格が同じなら既存の電力会社から電力を買いたい」と考えている。そうした需要家に契約を切り替えてもらうためにはチャレンジャーらしい工夫が必要だ。

幸か不幸か、電力会社は信頼性は高かったもののサービス意識は低かった。前述したように、全ての需要家が価格だけで電力事業者を選んでいる訳ではないから、電力会社には無いサービスや商品を提供すれば顧客を獲得できる。需要家が現状の電力会社のサービスに満たされていないのなら、新規参入者の斬新なサービスや商品を受け入れるはずである。このように、電力自由化は満たされていない顧客のニーズを充足する契機となるべきである。

また、長らく続いた独占体制の中で事業を営んできた電力会社の弱点の1つは営業力とされる。もちろん営業部門はあるが、他社と競って自社製品を売り込もうと日々努力を重ねた経験のある営業マンが事業規模に比して不足している。震災などで技術面でも広域でトラブルが起こった際などの対応には素晴らしいものがあるが、キメの細かいサービスが得意とは思えない。一方、需要家が日々気にしているのは、停電よりも、電気機器のトラブルではないか。多くの火事の原因となっている漏電も気掛かりだ。こうした生活ベースの心配事なら、一般企業が電力会社以上に顧客の支持を受けることは可能だろう。我々は、実際に海外の工業団地などで、「(事務所が) 遠い電力会社よりも (工業団地内に事務所を持つ) 地域のエネルギー会社の方が、何かあったらすぐ来てくれるので安心だ」という声を聞いている。

これらは、今の電力市場には満たされていない需要家のニーズが存在することを示している。自由化に伴い、まず新規参入者に求められるのは、「市場に欠けているものは何か」、という問題意識とそれを満たすための創造力である。そうした努力無しに、政策によって安定した市場の分け前を求めるようではいけない。

規制下にあった市場を開放する段階では、誰でも規制緩和のための法改正や制度づくりなどに目が行きがちだ。魅力ある市場を創るためには合理的な制度づくりが欠かせないし、どこの国でも規制の無いエネルギー市場はないから、電力自由化では規制緩和の観点が重要だ。しかし、制度に関する議論が続くと、新規参入者には制度依存の意識が根付くようだ。それは規制が緩和されれば希望のある市場が開かれるという幻想に陥る時でもある。

自由化前夜の年に求められるのは、こうした供給サイドの市場に対する幻想を払拭し、新規参入者にふさわしい目線を取り戻すことである。

地域エネルギー事業の意義

本章では、地域エネルギーの可能性を指摘した。日本でもドイツのように地域エネルギー事業者が一定のシェアを獲得するようになれば、地方創生の実現に貢献できる。地域エネルギーの立ち上げには熱配管の敷設などに公的な資金投入が欠かせない。その場合、本書で何度も批判した国民負担依存の再生可能エネルギーと何が違うのかを明らかにしなくてはいけない。その鍵は、「誰が誰のために行う事業であるか」、だ。地域エネルギー事業は儲けを目的とした事業ではない。地域での資金循環を目的とした事業である。ドイツでは、若干電気料金が高くてもシュタットベルケから電気を購入する需要家がたくさんいる。特に、地方部ではこうした需要家の比率が多いようだ。

その理由は、シュタットベルケが地域住民の見えるところで電気事業を行って生活基盤を守り、シュタットベルケが作り出した利益が交通など他分野を含め生活環境の充実に貢献していることを知っているからだ。目先の僅かの安さを求めて大手電力会社から電力を買えば地域への貢献は失われてしまう。シュタットベルケで素晴らしいのは、こうした選択を地域住民が競争市場の中で行っていることだ。地域によっては、選ぼうと思えば大電力から電力を買える中で、8割以上の住民がシュタットベルケを選択しているという。

日本でシュタットベルケと同じような地域エネルギー事業が立ち上がれば、地域の中での資金循環が増え、地域エネルギー事業を経営する経営人材やエネルギー設備を調達・維持管理する技術人材が地域で生活できるようになる。そうした人材が増えれば、他の事業の付加価値を上げることもできる。そのために何よりも重要なのは、地域にとって本当に必要な事業を支えようする地域住民の「自覚」である。

つまり、シュタットベルケや地域エネルギー事業は、需要家の「自由選択」の中で、地域住民の「自覚」の下で、地域が「自立」するための事業なのである。国が作った制度の中で買取単価が決められ、国民に賦課金が課される固定価格買取制度には、このレベルの「自由選択」、「自覚」、「自立」がない。

地域エネルギー事業については、自由化が進む中で競争市場とは違った価値観の事業の立ち上げを目指している、などの批判があるとされる。しかし、自由化後の市場を狭量な一元主義的な視点で評価すべきではない。本書で何度も述べたように、自由化されたからと言って、日本の電力市場は群雄割拠の競争性の高い市場になる可能性は低い。自由化以前よりも巨大化した電力会社ないしは電力会社勢力による寡占市場になる可能性の方が高い。東京電力と中部電力の提携を許した背景には、電力が市場である以前にインフラである、との価値観があると指摘した。であるなら、その一部が地域の活性化に向けられてもいいはずだ。インフラとは広く捉えれば、国民の生活基盤を指すからである。

グローバル市場開拓が期待される大電力

寡占化市場の覇者となる可能性の高い大電力には、地域エネルギー事業を対立的に捉えるのではなく、グローバル市場で勢力を伸ばし日本に富をもたらすことを目指して欲しい。日本の大電力には海外で勝ち抜くだけの力がある。そのために政策が支援するのは意義のあることだ。

電力会社に限らず、日本のインフラ産業の多くは、自らの事業資源によって海外市場を開拓し国民に富を還元する、という意識が不足してきた。例えば、電力と並ぶ大インフラ市場として期待される水道事業で日本が劣後してきた大きな理由は、日本の公営企業にこうした意識がほとんど無かったからだ。技術供与や民間支援は、効果はあっても市場をリードすることにつながらない。水分野で巨大なインフラ市場で日本の経済力にふさわしいポジションを獲得するには、大都市の公営企業が自ら市場開拓に乗り出すしかない。

電力分野では、電力会社が長い間地域ごとの独占権を与えられ事業を営んできた。電力会社の努力の結果でもあるが、その中で競争に晒されることなく、発電所や送電線といったハード面に加え、技術、ノウハウ、人材といったソフト面の資産を築き上げられたことは確かだ。当該資産には少なからず、国民が独占政策、競争に晒されない料金を受け入れたことの恩恵があるはずだ。半世紀ぶりの本格的な自由化の中で、電力会社はこうした資産を成長性の高い海外市場に振り向け、日本国内にグローバル市場の成長の果実を運び込んで欲しい。

10年前の自由化では、電力会社にこうした意識がなかった。減退することは分かっていたはずの国内市場での権益にばかりこだわり、自由化を止め、多くの新規参入者が辛酸をなめることなった。しかし、結局、国際的な流れに抗することはできず、自由化は再稼働し、固定価格買取制度も採用された。電力政策が権益保持に執着し閉鎖的になったことは福島第一原子力発電所の事故とも無縁とは言えない。歴史的に見て、10年前の自由化への抵抗は何の意味もないことだった。

今回の自由化では、強者である電力会社は、その事業規模にふさわしい成果を上げるために広く世界全体に成長の原資を求めて欲しい。そこで重視すべきなのは、地域エネルギー事業が対象とする国内地方部ではなく、東アジアを中心とした新興国であるのは明らかだ。半世紀ぶりの本格的な自由化は、電力会社がドメスティックな守りの姿勢からグローバルな攻めの姿勢に転じる契機となるべきだ。

新規参入者はイノベーションに注目せよ

電力事業を、発電所で電力を生み出し送電線で需要家に届けるもの、と解釈するなら、発電市場では電力会社が圧倒的な競争力を持ち、送電事業には参入余地がない。それだけならば、自由化は新規参入者にとって夢も希望もないものになる。もちろん、そんなことはない。エネルギーシステムはイノベーションの種を含んでいるからだ。発電市場と送電市場を電力会社に押さえられることに失望している事業者がいるとしたら、従来型の市場のパイの切り方ばかりが気になり、イノベーションの可能性に目が行っていない。

新規参入者はイノベーションを持ち込んでこそ価値がある。イノベーションの可能性を信じることができない新規参入者が自由化市場から退場することになるのは仕方のないことだ。電力システムに関わるイノベーションの多くは需要サイドにある。

1つは、分散型エネルギーシステムだ。数年内にリリースされる小型のSOFCの発電効率は55%に達し、価格もガス湯沸かし器の2倍程度になるとされる。発電効率で最新型のコンバインドサイクルに並ぶ製品が出てくるのも、そう遠いことではない。ある程度の規模になれば、発電機としての単価が高効率の石炭火力に近づくことも考えられる。そうなれば、排熱を利用できる分だけ分散型エネルギーの方が経済的になる。10年くらい前、燃料電池はスタックの技術開発が壁となって、性能、価格とも大規模集中型システムと比べるべくもなかった。しかし、ひとたび技術面の壁がブレークスルーされると、一気に最新型の大規模集中型システムに比肩するほどの発電効率が得られた。

最近になって、トヨタ自動車がかつて1億円を超えると言われた燃料電池自動車を数百万円でリリースできたのは、燃料電池の技術分野で大きな技術革新が起こっていることを示唆している。当然、そうした革新は進行中だから、燃料電池は技術、経済面で当分の間スピード感を持って進化し続ける。また、分散電源のような量産型の製品は、生産数が一定値を超えるとコストが急激に低下し、信頼性が増すという特徴がある。構造がシンプルな燃料電池では一層こうした傾向が期待できる。

燃料電池と同じかそれ以上に進化しているのがエネルギーマネジメントシステムだ。エネルギーマネジメントシステムの価格は、この10年で性能対比10倍以上向上している。携帯電話などの技術が10年前とは比較にならないほど進化したのと並行した動きだ。ITは今後も急激な進歩が予想されているから、エネルギーマネジメントシステムのコストは、数年内に住宅、商業施設、オフィスビル、工場などを建設する際、負担を感じないほど下がるだろう。性能と利便性を増すスマートフォンなどの携帯端末と結ばれるのはもっと早くなる。

今、工場や複合施設の所有者から、「最新のエネルギーシステムを作って欲しい」と依頼されたら、ほとんどの事業者が何らかの形で分散型エネルギーシステムを取り入れるだろう。エネルギーマネジメントシステムに至っては既に必須のアイテムだ。今回の自由化は、系統側の電力との組み合わせやアグリゲーションなどにより、分散型エネルギーシステムの可能性を引き出す効果がある。分散型エネルギーと系統電力の比率を変えていけば、分散型エネルギーの可能性が開花する将来と現在を結び付けることができる。新規参入者には、将来の可能性に橋を渡す革新的なビジネスモデルこそ期待したい。

革新サービスへの期待

分散型エネルギーシステムの話をすると、大規模集中型エネルギーシステムの地位は揺るがない、と指摘する人が多い。確かに、燃料電池とエネルギーマネジメントシステムの性能と経済性が向上しても、短期間でここまで普及した大規模集中型システムにとって代わることはないだろう。しかし、本来新規参入者が注目すべきなのは、目先のシェアではなく成長性であるべきだ。大規模集中型システムは電力の中心であり続けるだろうが、日本では電力需要は漸減傾向にある一方で、分散型エネルギーのシェアは確実に上がり続ける。再生可能エネルギーもその中の1つだが、固定価格買取制度関連の市場は官製市場の性格が強すぎる。そこに注目が集まってしまうのは、エネルギー市場にまだまだアニマルスピリッツが不足しているからだ。

新規参入者が電力会社のような強大な既存事業者と戦うには革新的な技術やサービスが欠かせない。昨今の燃料電池の性能と価格面のブレークスルーは分散型エネルギーがそのための切り口となり得ることを裏付けている。電力会社から電力を供給される卸電力市場から電力を買って電力会社に対抗できるというあり得ない発想にこだわるより、分散型エネルギーと系統電力を組み合わせたソリューションに目を向けたい。

例えば、蓄電池付きのスマートハウスを提供する傍ら、再生可能エネルギーだけを（化石燃料ベースの電力を限りなく少なくして）系統から供給するようなサービスが考えられる。太陽光発電や風力発電は天候や時間によって発電できない時間がある、というのは一地点だけを見た場合の話だ。例えば、北海道から九州までを一体で考えれば、全く太陽光発電や風力発電が発電しない、という時間は限りなく小さくなる。その上で、スマートハウス側の蓄電池を使って、系統側から見た需要量を調整すれば化石燃料に頼る割合は格段に小さくできる。ITの飛躍的な進化を考えれば技術的に不可能なことではない。

この時、新規参入者が対象とするのは、電力を価格で評価しようとする顧客ではなく、こだわりのある生活環境にお金を払おうとする顧客になる。現段階では需要家全体に占める割合は少ないかも知れないが、マーケティングや啓蒙活動で拡大できる顧客層である。また、電力需要の減退が避けられない中、こうした顧客こそ拡大し、サービスの質や単価アップを図るべきだ。

新しい発想のサービスを普及するには時間が掛かる。どこの市場でも、革新的な技術やサービスが本格普及する前には死の谷が横たわっている。それを飛び越える勇気と才覚を持つ事業者が成長できるのが市場だ。電力会社が原子力発電を再稼働し、老朽化した火力発電をリプレースするまでの期間を死の谷を飛び越えるための助走期間と捉えることはできないか。

インフラ市場の大革新

恐らく、分散型エネルギー以上に革新的なのは、あらゆるインフラや設備のオペレーションの大革新だ。インフラが、エネルギーやインフラの種類によってタテ割りに供給されてきたのは日本だけではない。インフラごとに求められる技術が違うこと、インフラを供給するのは政府の重要な役割だったことから、公共サービスお得意のサプライサイド指向で事業が営まれてきた。しかし、今ではほとんどのインフラは技術が成熟する一方で、当該技術を提供する事業者の数は増えているので、例えば、電気事業者が提携を通じて水道事業を展開すること、あるいはその逆も困難はない。また、どこの国でも、政府がインフラをいつまでも抱え込んでいようと思っていないので、インフラの世界にも民間的な顧客志向が広がりつつある。

タテ割りと並んで問題だったのはヨコ割りだ。大規模集中型のエネルギーシステムでは、電気が作られてから顧客に至るまで、ボイラ、発電機、送電線、変電所と異なった業界が担当してきた。需要側でもヨコ割りは顕著だ。スマートメータ、分電盤、エネルギーマネジメントシステム、配線、家電、テレビ・コンピュータ・スマートフォンなどの表示装置といった具合だ。家電はそれぞれ目的が違うが、需要側のシステムがこのままの勢いで進歩していった場合に、スマートメータと分電盤とエネルギーマネジメントシステムとテレビ・コンピュータ・スマートフォンなどの表示装置が共存し続けるのだろうか。住宅、オフィスなどのインフラに関する規制が解かれ、システム開発がもう少し進めば、需要サイドの設備、機器は最も合理的な形に統合されていくはずだ（**図表5-12**）。

統合の対象は、総合エネルギー事業と同様、様々な境界を超える。まずは、電気、ガス、通信、水道といったインフラの壁を超える。次に超えるのは、インフラに関わる施設、設備の壁だ。

エネルギーの供給、消費、制御に関する技術と並んで近年飛躍的に進歩しているのはセンサリング技術だ。センサーの感度、装置の小型化、低コスト、さらにデータ解析技術が急速に進歩したため、利用価値と設

図表5-12　統合と個別最適

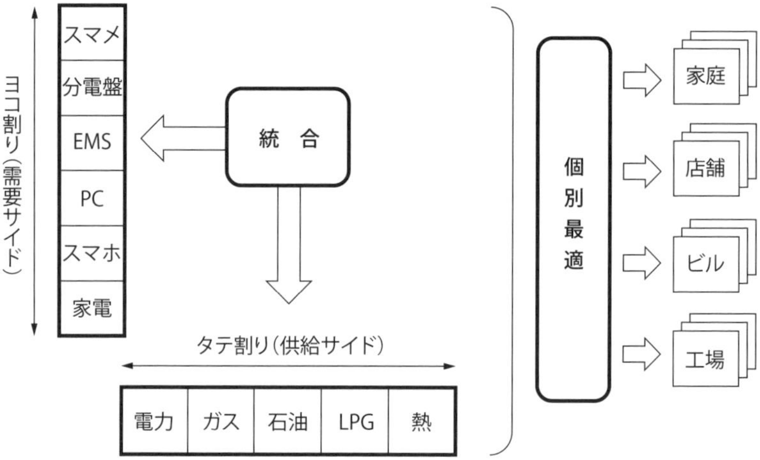

置可能な範囲が大幅に広がっている。

センサリングと並んで進歩が著しいのは画像技術だ。既に、業務設備の管理や防犯などの目的で、日本中で膨大な数のカメラが設置されている。同時に、画像解析技術が進歩したためセンサーでは拾えない変化を計測することができるようになった。

こうしたセンサリングと画像技術により、機械や建物の状況、あるいはそれらの利用状況がどこからでもリアルタイムで分かるようになった。人間がアクセスしなくては分からない情報はますます減り、これまで設備に配置していた人材の人件費やそのための機器、スペースが不要になる。その分だけ、データを使った施設のオペレーションにコストを割くことができるようになる。その時、電力、ガス、水道、通信関連の設備を別々に管理する意味は無い。

「統合」と「個別最適化」のイノベーション

以上述べた、インフラ、設備管理の技術革新は施設、施設群の運営維持管理に新たなビジネスポジションが生まれることを示している。電力、ガス、通信、水道などのインフラについては、市場化されれば、それらを顧客の好みに合わせて効率的に調達するためのサービスが生まれる。そのための手段となるのはITだ。一方で、インフラ間の設備、機器については上述したようなデジタル管理が可能になる。こうした中で当然生まれてくるのが設備とインフラの一体的な運営維持管理の流れだ。前節では、ESCO、ESPという需要サイドのビジネスモデルがスマートハウス、スマートシティというシステムに収れんしてきた流れを示した。こうした流れは従来専門家の目利きに頼っていたサービスがITによってシステム化されるようになってきたことを示している。

設備、機器、インフラはそれ自体に存在意義があるのではなく、その使用者の生活・活動やアウトプットを実現するための手段に過ぎない。これまでは技術、特にITが未発達だったため、これらがバラバラに使用者に提供されてきた。その分だけ、使用者は最終的な目的を達成するために、設備、機器、インフラを統合する手間を負ってきたことになる。これらを最適化できないことによる非効率さも生まれてきたはずだ。使用者は本業の専門家であっても、それを実現するための個々の手段の専門家ではないからだ。

このように、エネルギーの需要サイドでは、ITと市場化によって施設、設備、機器、インフラのイノベーションが起こっている。前節で述べたように、スマートハウス、ゼロエミッションビル、スマートシティと市場が広がっているのもこうした流れの表れと捉えることができる。経済構造にも大きな影響を与える。こうしたイノベーションはエネルギー利用に関わる燃料費、運営の維持管理費を大幅に削減する一方で、設備には資金を投じるようになるからだ。資源小国、モノづくり大国である日本としては海外への資金流出が減り、国内での資金循環が増える望ましい方向だ（**図表5-13**）。

図表5-13　エネルギーの費用構造の転換

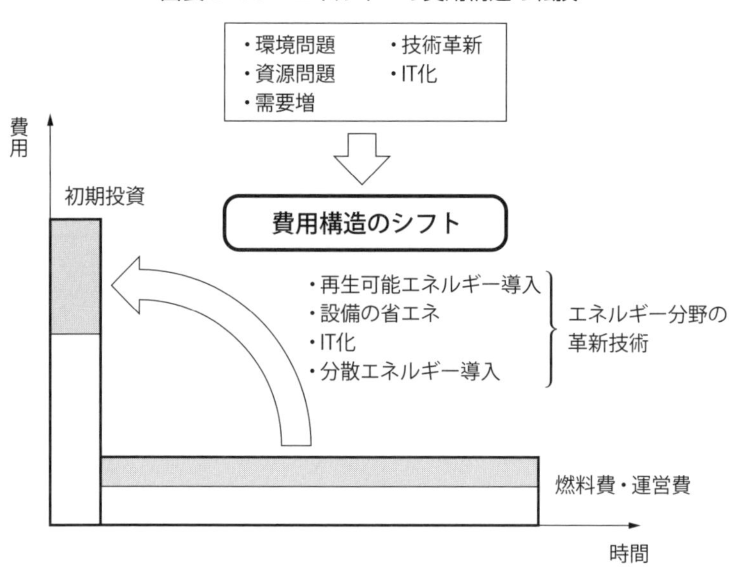

そこでイノベーションのキーワードとなるのは、（施設、設備、機器、インフラ）の「統合」と（個々の需要家の特性に応える）「個別最適化」だ。需要家の生活・活動環境を支える全ての要素を需要家の要望に応じて最適に運用する、というビジネスポジションが生まれる。不動産会社、住宅メーカー、ゼネコン、メーカーがスマートシティの市場に関心を寄せざるを得ないのは、統合された個別最適のサービスがあらゆる事業の盛衰に重大な影響を与えると考えているからだ。

需要サイドに目を向ければ、電力も間違いなく、歴史的な施設〜インフラの大革新の中にいる。新規参入者にとっての悲観的な市場環境は、大規模集中型の供給サイドから見た情勢に過ぎないのだ。

エネルギー業界に広がる可能性

本書では、そうしたポジションを手にするための要件が求められることを指摘した。統合される要素の1つを持っていること（T字タイプの戦略）だ。電力ないしはエネルギーに関する素養は、そのための有力なカードとして位置づけることができる。しかし、懸念することもある。通信という強力な競争相手が年々力を増していることだ。

かつて、家庭で最も大きなインフラ関連の支出は電力だった。しかし、昨今ではどこの家庭でも最大の支出項目は通信費になっている。企業でも、金融・サービス業では同じような状況となっているところもあるだろう。サービスが顧客視点で統合される時、最も力を持つのは顧客の支出負担の大きなサービスを提供している事業者だ。通信関連の事業者は、顧客の側でのポジションをどんどん大きくし、企業としても体力を増している。

こうした観点で言うと、エネルギー業界にとって、2005年頃に自由化をとん挫させたことのツケの大きさが分かる。この10年間に通信事業者は技術と財務体力を急速に高めたからだ。さらに、自由な市場の中での技術・サービスの革新や競争の経験も豊富に積むことができた。10年前、エネルギー業界がインフラ分野で起こる革新を予想して、自由化を受け入れ、統合者としてのポジションを狙ったのであれば、今よりはるかに勝算があっただろう。しかし、エネルギー業界と関連は内向きの議論と権益確保に時間を弄してしまったのである。

競争がエネルギー業界だけに閉じられ続けるのなら、何年経っても、供給ラインを制する事業者が強みを発揮することに変わりはないだろう。しかし、上述したしたようにエネルギーを含むインフラの世界では歴史的な革新が進んでいる。通信の追随を許したとはいえ、需要家にとってエネルギーが重要なポジションを有していることは変わらないし、施設や設備との一体性という観点では一日の長がある。閉じられた業界から広く視野を広げ、供給サイドから顧客に目線を転じれば、業界として、企業として取るべき方向は自ずと見えて来るはずだ。

著者略歴

井熊　均（いくま　ひとし）
株式会社日本総合研究所
常務執行役員　創発戦略センター所長
1958年東京都生まれ。1981年早稲田大学理工学部機械工学科卒業、1983年同大学院理工学研究科を修了。1983年三菱重工業株式会社入社。1990年株式会社日本総合研究所入社。1995年株式会社アイエスブイ・ジャパン取締役。2003年株式会社イーキュービック取締役。2003年早稲田大学大学院公共経営研究科非常勤講師。2006年株式会社日本総合研究所執行役員。環境・エネルギー分野でのベンチャービジネス、公共分野におけるPFIなどの事業、中国・東南アジアにおけるスマートシティ事業の立ち上げ、などに関わり、新たな事業スキームを提案。公共団体、民間企業に対するアドバイスを実施。公共政策、環境、エネルギー、農業、などの分野で50冊を超える書籍を刊行するとともに政策提言を行う。

瀧口信一郎（たきぐち　しんいちろう）
株式会社日本総合研究所
創発戦略センター シニアマネジャー
1969年生まれ。京都大学理学部を経て、93年同大大学院人間環境学研究科を修了。テキサス大学MBA（エネルギーファイナンス専攻）。東京大学工学部（客員研究員）、外資系コンサルティング会社、エネルギーファンド等を経て、2009年株式会社日本総合研究所に入社。現在、創発戦略センター所属。専門はエネルギー政策・エネルギー事業戦略・インフラファンド。著書に「電力不足時代の企業のエネルギー戦略」（中央経済社・共著）、「2020年、電力大再編」（日刊工業新聞社・共著）、「電力小売全面自由化で動き出す分散型エネルギー」（日刊工業新聞社・共著）、「電力小売全面自由化で動き出すバイオエネルギー」（日刊工業新聞社・共著）など。

松井英章（まつい　ひであき）
株式会社日本総合研究所
総合研究部門 マネジャー
1971年生まれ。早稲田大学大学院理工学研究科（物理学および応用物理学専攻）を修了。日本電信電話株式会社、株式会社野村総合研究所、株式会社トーマツ環境品質研究所を経て2007年に株式会社日本総合研究所に入社。専門は、分散／再生可能エネルギー・スマートコミュニティ。現在は、地域エネルギー事業実現のため、各地域との事業検討プロジェクト等に参画している。著書に「2020年、電力大再編」（日刊工業新聞社・共著）、「次世代エネルギーの最終戦略」（東洋経済新報社・共著）など。

続 2020年、電力大再編
—見えてきた！ エネルギー自由化後の市場争奪戦

NDC540.9

2015年 5月21日　初版 1 刷発行
2016年 5月31日　初版 3 刷発行

（定価はカバーに表示してあります）

編著者　井熊　均
発行者　井水　治博
発行所　日刊工業新聞社
〒103-8548　東京都中央区日本橋小網町14-1
電　話　書籍編集部　03（5644）7490
販売・管理部　03（5644）7410
F A X　03（5644）7400
振替口座　00190-2-186076
U R L　http://pub.nikkan.co.jp/
e-mail　info@media.nikkan.co.jp
製　作　㈱日刊工業出版プロダクション
印刷・製本　新日本印刷㈱

落丁・乱丁本はお取り替えいたします。

ISBN 978-4-526-07424-0